# 音声対話システム
## 基礎から実装まで

共著　井上 昂治 Koji Inoue
　　　河原 達也 Tatsuya Kawahara

OHM
Ohmsha

# まえがき

音声対話によるコミュニケーションは，文字が発明されるよりはるか以前から行われており，人類の生存と進化において不可欠なものであった．現代でも幼児は，文字を覚えるよりも先に，音声による対話を習得する．すなわち，人間にとって音声対話は原始的・根源的なものである．そして，人間と自然な音声を介して対話を行うシステムの実現は，人工知能（artificial intelligence; AI）研究の大きなチャレンジの1つであり，第2次人工知能ブームの1980年代後半から本格的な研究開発が行われるようになった．さまざまなデモシステムが構築され，ひと通りの方法論は確立されたが，実用化にいたったのはごく限られており，さらなるブレークスルーが期待されていた．

本書の前身である『知の科学 音声対話システム』（河原達也・荒木雅弘 共著，人工知能学会 編集，オーム社刊）は，音声対話システムに関する初めてのテキストとして，2006年に出版された．その後，2010年代前半から，計算機性能のみならず機械学習やデータ収集技術の飛躍的な進展にともない，第3次人工知能ブームが到来した．音声認識や音声合成に深層学習技術が適用され，実用レベルの性能に到達した．また，言語理解や対話管理についても，深層学習の適用が本格化した．このような背景を踏まえて，上記書出版以降の音声対話システムの方法論ならびに技術の進展を反映すべく本書は執筆された．

本書は，これから音声対話システムの研究開発を始めようとしている研究者（学部生，大学院生）のみならず，音声対話システムの開発者を対象読者と想定した．したがって，理論と実装の両面をカバーするように心がけた．特に，音声対話システムの説明は概念的なものが多く，実装をしてみることで初めて理解できたと感じることが多い．そのようなきっかけを提供することも本書の狙いの1つである．

まず，第1章では音声対話システムの研究開発の歴史と基本的な構成について述べる．次に，第2章ではタスク・ドメイン・インタフェースなどの観点から音声対話システムを分類する．続いて，第3章から第7章にかけて，音声対話システムを構成する各要素技術について解説する．第8章では音声対話システムの評価方法，第9章では発展的な内容として，人間らしい対話

を実現するための要素技術についても紹介する．最後に第10章では，これからの音声対話システムの研究開発の方向性について論じる．第5章は上記書の著者の1人である荒木雅弘先生が当時執筆されたものを改訂したものである．また，各章（第1章から第8章まで）の最後では「Hands-on」として，Python言語による音声対話システムの実装方法を紹介している．ソースコードは本書のサポートページ

http://sap.ist.i.kyoto-u.ac.jp/members/inoue/sds_book/

からダウンロードすることができる．

　音声認識や音声合成を含め，音声対話システムに関する技術は日進月歩であり，この10年でスマートスピーカや会話ロボットなどが登場するにいたっている．現在では音声で人間（ユーザ）と対話をするシステムは珍しいものではなくなった．さらなる実用化に向けた課題が明確化され，システムに「できること」と「できないこと」が整理されつつある．一方で，2020年から続くコロナ禍では対面でのやり取りが制限され，少子高齢化が進む現代では働き手が不足し，音声対話システムに対する社会の期待は今後ますます高まっていくと予想される．このような時代の要請に本書が少しでも応えることができれば幸いである．

　本書を出版するに際して，ご助言を頂いた研究者・技術者・学生の方々にこの場を借りて感謝の意を表したい（以下，順不同）．（株）東芝　研究開発センター　小林優佳さん，NTTコミュニケーション科学基礎研究所　杉山弘晃さん，理化学研究所　吉野幸一郎さん，奈良先端科学技術大学院大学　品川政太朗先生らには，本書の原稿を丁寧に下読みし，大変有益なフィードバックを頂いた．京都大学　山本賢太さん，大戸康隆さんらには，本書の原稿の輪読会を開催し，想定読者である学生の視点からのフィードバックを頂いた．また，著者らへ本書の企画を提案し，遅れに遅れた執筆を最後まで丁寧に伴走していただいたオーム社　編集局にも感謝する．最後に，日頃の研究活動の仲間であり，いつも新たな視点で次なる音声対話システムの可能性について議論をしてくれる京都大学音声メディア研究室の学生・スタッフに感謝する．

　2022年　盛夏の京都にて

井上　昂治　・　河原　達也

# 目　　次

## 第1章　音声対話システムの概要

## 第2章　音声対話システムの分類

# 第 3 章　音声認識

# 第4章　　言語理解

# 第5章　　対話管理

# 第 6 章　　end-to-end モデルによる応答生成

## 第 7 章　　応答文テキストの音声合成

## 第 8 章　　音声対話システムの評価

# 第9章　人間らしい対話を実現するための要素技術

# 第10章　音声対話システムの未来

# 第1章

# 音声対話システムの概要

「〇〇（ロボットの名前）と会話がしたい」という願いは，本書を手にとった人であれば，一度は抱いたことがあるのではないだろうか．人工知能技術の進展にともない，もはやそのようなことはかなわぬ夢ではないかもしれない．今日では，音声対話システムはさまざまな場面で実用化され，身近なものとなっている．本章ではまず，音声対話システムの研究開発の歴史を振り返り，音声対話システムの定義，課題，構成などについてまとめる．

# 1.1

# 音声対話システムの歩み

　アニメや SF 映画などのファンタジーの世界では，人間と自然な音声を介して対話を行うコンピュータやロボットがかなり以前から描かれているが，しかし，その実現は，長らく人工知能研究における大きなチャレンジの 1 つであった．

　音声対話システムの研究開発は長い歴史を有し，これまでに多数のアーキテクチャが提案され，進化と淘汰が繰り返されてきた[1]．これは，人間の言葉を理解し，適切に応答するという過程がきわめて高度であることを示している．実際に，現在の音声対話システムは，SF 映画で描かれているレベルと比べると，まだまだほど遠いレベルにあるというのが実情である．

　一方，2006 年に本書の前身ともいえる『知の科学　音声対話システム』（オーム社刊）が発行された当時と比較すると，スマートフォンアシスタント，スマートスピーカ，コミュニケーションロボットなどが広く普及するにいたっており，わずか 15 年ほどで驚異的な進歩を遂げたといえるだろう（図 1.1）．その最大の要因が，音声認識・合成を含めて，大規模なデータベース（ビッグデータ）を用いた機械学習技術の発展と，統計モデルを含む方法論の発展・洗練にあることは間違いない．しかし，それまでに培われてきた基礎となるものがあったからこそ，それらの技術を応用することによって一気に花開いたのである．

(a) スマートフォン　　　　(b) スマート　　　　　(c) コミュニケーション
　　アシスタント　　　　　　　スピーカー　　　　　　　ロボット

図 1.1　実用化されている音声対話システムの例

### 1.1.1　ELIZA と SHRDLU の登場

人間と言葉で対話するシステムの源流として，**ELIZA** [2] と **SHRDLU** [3] があげられる．ELIZA は，入力の表層的なパターンにもとづいて適当に応答を返すものであったが，人間と会話をしているような感覚を与えたのが特長である．これは，発話を理解したうえで適切に応答しているとはいいがたい反面，人間に会話が成立していると感じさせる表層的処理が頑健であることを示唆しており，今日の統計的処理に通じるものがある．

これに対して，積み木のオブジェクトを操作する状況に限定されてはいるものの，古典的な人工知能的アプローチで対話を実現したのが SHRDLU である．SHRDLU は，自然言語解析と，推論やプランニング（planning）[※1]を統合した点で当時画期的であった．一方，SHRDLU によって，会話を成立させるためには会話の領域（ドメイン）の知識を十分に記述しておく必要があることが顕在化した．これが，いわゆる**フレーム問題**（frame problem）と呼ばれるものであり，コンピュータの性能が著しく進展した今日でも根本的な解決は図られていない．なお，SHRDLU のアプローチは Allen らの TRAINS [4] などで，より現実的な設定を対象としたシステムに発展している．ただし，これらは基本的に音声をインタフェースとして用いていない．

### 1.1.2　VOYAGER・ATIS プロジェクトから実用化へ

音声認識・合成技術の発展を受けて，1990 年ごろから本格的な音声対話システムが構築されるようになった．その先駆けは，MIT（マサチューセッツ工科大学）で開発された **VOYAGER** [5] である．これは，MIT があるケンブリッジの街の案内を行うもので，ある領域で限られた役割を果たすという，タスクドメインの観点からも，現在のスマートフォンで提供されているサービスに近いものである．当時，ほぼ実時間で音声で応答を行うシステムは大きなインパクトを与え，米国において，DARPA[※2]主導で 1990 年代前半に **ATIS** プロジェクト（Automatic Terminal Information Service project）[6] が行われることにつながった．このプロジェクトでは，フライト情報を案内するタスクを対象とし，米国の主要な研究機

---

[※1] 与えられた目標を達成するための行動の順序を組み立てること．

[※2] DARPA（Defense Advanced Research Projects Agency，国防高等研究計画局）：米国国防総省（United States Department of Defense）において，先端的な軍事技術研究のプロジェクトに対して資金配分を行う機関．

関が参画し，データ収集からシステム評価まで，協調と競争の原理にもとづいて音声対話システムの研究開発が行われた．現在の統計的な言語理解や対話制御のモデルの源流はこの ATIS プロジェクトの終盤で考案されたものといえる．

その後，ATIS プロジェクトに従事していた一部の研究者が音声対話システムの商用化・起業をし，2000 年ごろには大きな成功を収めるまでになった．当時の代表的なサービスモデルは，電話（音声通話）のサービスに特化し，人手で記述された定型的な文法と対話フローにもとづいて，音声対話システムが人にかわって電話の応対を行うというものであった．すなわち，電話 IVR（interactive voice response，自動音声応答）システムの入力を，「A は 1，B は 2，C は 3，その他の場合は 9 を押してください」といった形から，「A，B，C，その他[注3]のいずれかをおっしゃってください」というような音声発話入力に置き換えたにすぎないものであったが，それでも米国では各所のコールセンタで大規模に導入される結果となった．なお，このビジネスはわが国でも展開されたが，定着しなかった．その理由は，わが国では人間による丁寧な顧客対応を重視する傾向があることに加えて，比較的早くから携帯電話によるネットアクセスでの情報提供が普及していたことなどが考えられる．

### 1.1.3　スマートフォン・スマートスピーカへの展開

2000 年以降の基礎研究においては，識別モデルにもとづく言語理解や，強化学習にもとづく対話制御など，統計的機械学習の手法の応用が試みられている．その一方で，深い言語理解や対話制御を行わない ELIZA 型の音声対話システムが再び脚光を浴びるようになった．これは，ベクトル空間モデル（vector space model）[注4]にもとづく情報検索の技術が発展してきた影響もあると考えられる．例えば，米国では，前述の TRAINS を開発した Allen の系譜に連なる対話システムの研究も，CALO プロジェクトや USC Institute for Creative Technologies の Traum らの会話エージェントなどに受け継がれているが，徐々に ELIZA 型の応答生成が取り入れられるようになっている．その最たるものが，CALO プロジェクトからスピンオフした **Siri** である．

そのころ，実社会では顧客サービスが電話から Web に移行するにつれて，電

---

[注3] "その他" の場合はオペレータと直接話すことが多い．

[注4] 発話や文書などの各情報をベクトルとして捉え，そのベクトル空間上における距離にもとづいて類似する情報を探索するモデル．

話による音声対話システムの重要性が低下していたが，2007年のスマートフォンの登場によって状況が一変する．スマートフォンのような小型の端末では，Webベースのシステムではあっても，従来のキーボード（スクリーンキーボード）による文字の入力がしづらいからである．当初は，音声で検索を行うシステムの研究開発が目指されていたが，その後，さまざまなアプリと連動したアシスタントソフトを導入するという方法が主流となる．その代表例が上記の Siri である．また，2014年には，Amazon Echo（Alexa）が発売され，これに他社も追随し，音声対話による AI アシスタント機能を搭載したスピーカ，すなわち，スマートスピーカ（smart speaker）が急速に普及している．

　以上で述べた音声対話システムの進化と淘汰の歴史を図 **1.2** にまとめる．当初のシステムはコンピュータ上でつくられた．これは実現可能性を示すという点では意義があったが，実用的には GUI（graphical user interface，グラフィカルユーザインタフェース）で操作したほうが容易なタスクが多かった．しかし，音声のみのチャネルである電話 IVR システムに特化することで，商用化に成功した．その後，顧客対応のサービス全般が電話から Web に移行することで，その重要性は低下したが，スマートフォンの登場で再び音声入力の意義・必要性が脚光を浴びることになった．さらに，音声のみが入力手段であるスマートスピーカが普及するにいたっている．これらの進化を実現したシーズ面の最大の要因は音声認識の進歩である．特に大規模データにもとづくクラウド型音声認識によって，実用的な性能が実現されている．スマートスピーカでは遠隔発話（distant speech）[※5]にも対応している．

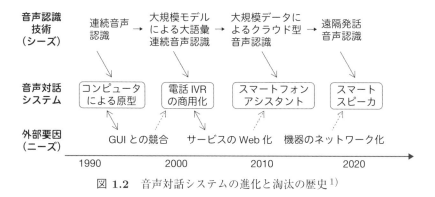

図 **1.2**　音声対話システムの進化と淘汰の歴史[1)]

※5 ハンドマイクを把持して口もとに近づけるのではなく，口もとから離れた位置（卓上など）にマイクが設置された状況による発話のこと．

## 1.2

# 音声対話システムとは

　本書において，音声対話システム（spoken dialog system）とは，一連の音声による入力発話を "理解" し，"適切に応答" する（と人間が感じる）システムと定義する．

　ここで，まず何をもって "理解" とみなすかの定義がそもそも容易ではないが，発話内容に対して 1 対 1 にシステムの対応が記述できるコマンド＆コントロール型のもの，あるいは，音声認識結果に対して Web 検索を行う単純な音声検索などは，入力発話を "理解" しているとはいえないので，原則として含めないものとする．例えば，「東京」といえば東京行きの切符を発券する自動券売機，「スイッチオン」といえばテレビの電源を入れるテレビのリモコンなどは「東京」や「スイッチオン」という音声を認識しているだけなので，音声対話を理解しているとはいえないであろう．これに対して，理解が必要な例は，「京都の明日の天気は？」といった入力発話に対して，インターネットで京都の明日の天気に関する情報検索を実行し，その結果にもとづいて応答したり，（エアコン自体のリモコンではなく，さまざまな機器を制御しているスマートスピーカに対して）「エアコンの温度を下げて」といった入力発話に対して，指定された機器（エアコン）を入力発話の内容に沿って操作するようなシステムである．逆に，統計的手法に代表されるように，明示的な意味表現の抽出をともなっていなくてもよいものとする．

　また，何をもって "適切に応答" しているとみなすかのほうはさらに定義が難しい．現在のスマートフォンアシスタントやスマートスピーカで実現されている音声対話システムの大半は，明確にゴールが定義された検索，案内などの情報サービス，あるいは機器操作である．このようなタスクにおいては，ユーザとシステムで共有されたゴールをできるだけ効率よく，できればユーザの満足度も高い形で達成することが目標となる．このようなタスクにおいては，客観的な**意味表現**（semantic representation）[6]も規定でき，前述の "理解" に関しても正解と正答率

---

[6] 言葉の意味や関係性をコンピュータが理解できる形式で表したもの．

を定義することが可能である.

　ただし,現在のスマートフォンアシスタントやスマートスピーカに対しても,ユーザは「今日は暑いね」とか「今日は疲れた」などのさまざまな発話を入力するため,このような雑談に対応する機能も必要となる.会話エージェントやコミュニケーションロボットにおいては,さらに種々の対話に従事することが期待されているが,そのタスクの定義や分類に関しては,第2章で説明する.

　さらに,"対話"という以上,一問一答で終わるのではなく,一連の発話と応答の文脈を考慮したうえで,適切に応答することが求められる.例えば,上記の例の「京都の明日の天気は?」の後に,「東京は?」という発話がされたら,東京の地図上の位置等ではなく,東京の明日の天気の情報案内を行えなければならない.同様のことは,「東京に昼までに到着する列車を予約してください」といった1つの発話に対して,人数,指定席／自由席／グリーン席の区別など,複数の条件を確認したうえで,予約を実行するようなシステムにも求められる.なお,"応答"は必ずしも音声に限定されるものではなく,GUIなど他のモダリティ(modality)※7を利用してもよいものとする.

## ▶▶▶ 1.3

# 音声に起因する問題

　テキスト入力の場合と比較して,音声入力を扱うことによる困難な点は,音声認識の誤りが不可避なことに加えて,ユーザの言葉がより自発的で非定型になることである.すなわち,キーボード入力などの場合はシステムに送信する前に,ユーザが文を確認して必要なら修正を行えるのに対して,音声入力の場合は思いつくままに発話したものが,ユーザ自身による確認や修正の過程を経ないままシステムに入力される.その結果,より口語的な表現が使用され,省略やいいよどみなどの現象が頻繁に生じる.これらの現象は,言語的な**不適格性**(ill-formedness)と呼ばれる[7].

........................................................

　※7 ここでは情報を入出力するチャネル・様態を指す.例えば,低次では音声や画像などの信号,高次では言語やジェスチャなどの振舞いを指す.

　そもそも音声入力の場合は，文や発話の区切りが明確でない．テキスト入力の場合は，句読点や改行（ENTER キー）によって区分化・処理することができるが，音声認識の出力にはこれらに対応するものがない．現状の大半の音声対話システムではポーズで区切られる 1 発話を入力と前提しているが，さらに発話の開始を指定していることも多い．スマートフォンやタブレット端末では，発話開始時にタッチ操作をする **push-to-talk** のインタフェースが一般的であり，スマートスピーカでは，「Alexa」や「OK Google」のようなマジックワード（magic word）を発話する必要がある．一方，より自然な音声対話システムでは，ターンの切替えや発話区間の検出を自動で行う必要があるが，システムの応答音声とユーザの発話が衝突する恐れがある．

　テキスト入力とのもう 1 つの相違点として，通常の音声認識システムでは語彙を限定して，その語彙内単語に強制的にマッチングを行うので，語彙に登録されていない単語を認識／検出することができないことがあげられる．これは，人名や商品名などの固有名詞を扱う際に問題となる．

　音声対話システムを実際に構築・評価してみると，音声認識の精度がユーザの満足度に対する最大の要因，いいかえるとボトルネックになっており，音声入力を扱うことに起因する問題が重要であることがわかる．また，応答音声の質，すなわち声質自体だけでなく文や韻律が単調でないことが，システムの知能の印象に対する大きな要因にもなっている．そのため本書においても，音声によるインタフェースを十分に意識した解説を行う．

## 1.4

# 音声対話システムの構成

　音声対話システムの典型的な構成を図 **1.3** に示す．まず，ユーザの発話に対して**音声認識**（automatic speech recognition; **ASR**）を行う必要がある．音声認識には既存の商用のクラウド型のサービスや Julius[8]などのフリーソフトを利用す

---

[8] https://julius.osdn.jp/　（2022 年 9 月確認）

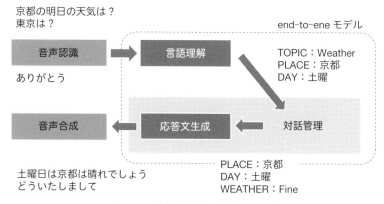

図 **1.3**　音声対話システムの構成

ることができる．これらは独立したモジュール（ASR エンジン）としてとらえることができるだろう．ただし，前述のように，タスクドメインに固有の名詞が多い場合は，単語辞書や言語モデルのカスタマイズが可能であることが望ましい．また，後続の言語理解や対話制御のためには，音声認識の信頼度が利用でき，複数の音声認識結果の候補の中から選択できるほうが望ましい場合もある．次に，**言語理解**（language understanding）において，音声認識結果から意味表現を抽出する．図 1.3 の例では，「京都の明日の天気は？」という発話に対して，天気（WEATHER）を尋ねていることを理解したうえで，場所（PLACE）が「京都」，日付（DAY）が「明日」＝土曜であることを特定する表現を抽出している．これにより，天気情報を提供しているサーバにクエリ（query）[9]を送ることができる．続いて，**対話管理**（dialog management）において，抽出された意味表現の情報を用いて，情報検索などのユーザから見えないバックエンド処理（backend process）を行ったうえで，ユーザに対する応答文（応答や質問）を生成する．なお，ここまでの処理の手続きは，プログラム上に直接記述（ハードコーディング）することも可能であるが，手間を要し，メンテナンスのうえでも好ましくないため，テンプレートや文法，あるいは統計的モデルで表現するほうが望ましい．また，バックエンド処理においては，過去の対話の履歴や状況を保持しておき，言語理解や応答生成に利用できることが重要である．これにより，不足している情報を逆にシステムからユーザに質問して入手したり，以前の発話の情報と統合して現在の

---

[9] データベースなどに処理を依頼する際に必要となる情報をまとめたもの．

発話の意味を解釈したりすることができる．これによって，「京都の明日の天気
は？」に続いて「東京は？」という発話がなされると，東京の土曜の天気を検索す
ることができる．最後に，音声合成（text-to-speech; **TTS**）により，応答文に対
応する音声波形を生成する．この音声合成には，汎用のソフト（TTS エンジン）
を用いるのが一般的である．

　このように，音声対話システムは音声認識と音声合成だけで構成されるのではな
く，概念・対話レベルのモデル・処理を必要とするものである．ただし，これらの処
理を，明示的に意味表現を抽出することなく，統合的に設計・構築することも考え
られる．これが，図 1.3 において点線で囲まれた **end-to-end** モデル（end-to-end
model）である．例えば，「ありがとう」という発話に対して，「どういたしまし
て」という応答は反射的なものであり，この場合には明示的な意味表現の抽出を
必要としない．

　これまで，各モジュールの設計・学習について数多くの研究が行われてきてお
り，それらの方法論の変遷を図 **1.4** に示す．初期（1990 年代）のシステムでは，
音声認識は文法規則や有限状態オートマトン（finite state automaton; **FSA**）[※10]
にもとづいて行われ，言語理解はルール（1 対 1 ではないが決定的な写像）で発話
を SQL コマンド（structured query language command）[※11]に変換するもので，

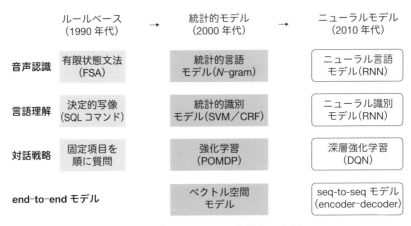

図 **1.4**　各モジュールの方法論の変遷

---

[※10] 文の始めから終わりまでの有限の単語の遷移パターンを "文法" として定義したもの．
[※11] データベースを検索・操作するためのコマンド．

さらに，対話のフローも固定的に記述されたものであった．これは基本的に，特定のデータベースの検索を想定したものであり，一定の機能を実現することはできたが，ユーザ発話のバリエーションに対する頑健性という点では不十分であった．

その後，音声認識の言語モデルが統計的な $N$–gram[12]に置き換えられ，2000 年代には，言語理解に SVM（support vector machine，サポートベクトルマシン）や CRF（conditional random field，条件付き確率場）などの統計的識別モデルが導入された．また対話制御においても，POMDP（partially observable Markov decision process，部分観測マルコフ決定過程）[13]などのモデルにもとづく**強化学習**（reinforcement learning）[14]を用いた最適化手法の導入が研究された．一方で，ベクトル空間モデルにもとづく用例ベースの一問一答型の応答生成を用いたシステムも実用的に多く用いられるようになった．これらは，end-to-end モデルに位置付けられる．

さらに，2010 年代に入ると音声対話システムにも深層学習（deep learning，ディープラーニング）が導入された．すでにそのころには音声認識のモデルはいち早く深層学習にもとづくモデルに置き換わり，言語理解においても同様の置き換えが進むのは自然なことであった．一方，対話戦略においては，強化学習に深層学習を導入する研究も行われているが，現在の研究の主流は end-to-end 型の **seq-to-seq** モデル（sequence-to-sequence model，系列写像モデル）[15]となっている．

## Hands-on 本書で実装するシステム

本書では，各章の内容に対応する形で，読者の方に実際に手を動かしていただく実装（Hands-on）のパートを設けている．本書を読みながら，プログラミング言語の 1 つ，Python を用いて音声対話システムを実装していってほしい．Python は機械学習の分野をはじめ，さまざまな分野で広く利用されているプログラミング言語であり，プログラミング初心者でも扱いやすい．また，言語処理にも適しているため，音声対話システムの実装とも相性がよい．なお，音声認識と音声合成に関しては，既存のクラウドサービスを利用する．

........................................

[12] $N$ 個の連続する単語の連鎖をモデル化したもの（3.2.4 項参照）．

[13] 詳細は第 5 章で解説する．

[14] 環境との相互作用を通じてモデルを学習する方法．システムの行動に対して与えられる報酬にもとづいて学習を行う．

[15] 単語などの入力系列から出力系列に直接変換するモデルのこと．

## 飲食店案内システム

作成する音声対話システムの 1 つ目は，第 5 章で詳しく解説する FSA やフレームに
もとづいて対話を進めるタスク指向型のシステムである．ここで，想定する対話の例は
以下のとおりである．

> システム：飲食店案内システムです．ご質問をどうぞ．
> ユーザ　：京都駅近くで美味しいお店を探しています．
> システム：ジャンルを指定してください．
> ユーザ　：中華料理がいいです．
> システム：京都駅近くの中華料理ですね．検索します．

このように，複数のターンにより，必要な情報をユーザから得て適切な応答を実現す
ることを目指す．

## 一問一答型の雑談対話システム

非タスク指向型の対話システムとして，第 6 章で詳しく解説する用例ベースによる一
問一答型の雑談対話システムも作成する．想定する対話の例は以下のとおりである．

> ユーザ　：こんにちは．
> システム：こんにちは．
> ユーザ　：趣味は何ですか？
> システム：趣味は料理です．
> ユーザ　：好きな食べ物は何ですか？
> システム：中華料理が好きです．

音声対話システムについては，どうしても概念的な説明が多くなってしまいがちであ
り，いざ実際に自分でつくってみようとすると，どこから手をつけたらよいかわからな
くなることが多い．本書での例題が，読者各位が理論と実装のギャップを埋めることに
役立てば幸いである．

ただし，これらの例題はすぐに実用化できるレベルのものではないことに留意された
い．また，機械学習（深層学習）に関しては，あえて深入りはせずに概念的な説明にと
どめている．必要に応じて，他書，あるいは関連の Web ページ等を参照されたい．

# 第2章

## 音声対話システムの分類

　本章では，音声対話システムが扱うタスクを分類する．また，これに関連して，対話の主導権や情報リソースの形式について述べる．さらに，対話のドメインやインタフェースについても説明する．

## 2.1

# 対話タスクの分類

　日ごろ，私たち人間が行っている音声対話には，2 人で行う 1 対 1 の対話に限定してもさまざまな種類がある．したがって，人間と同様の対話を行う音声対話システムを実現しようとすれば，それらの多種多様な対話に対応可能なものとしなくてはならない．このような，あらゆる状況に対応できるシステムを汎用人工知能（artificial general intelligence），または強い **AI**（strong AI）という．

　しかし，AI のほかの分野がそうであるように，特定のタスクを行うシステム（弱い **AI**（weak AI））を設計・実装するほうが，音声対話システムの分野においても現実的かつ実用的である．あるいは，さまざまなタスクを行う音声対話システムをそれぞれ実現したうえで，それらを組み合わせることで汎用的な音声対話システムが実現できると考えらえる．

　そこで本節では，音声対話システムで想定される主なタスクを分類・列挙することとする．タスクの目的の明確さと，参照するリソースの観点から分類したものを表 **2.1** に示す．横軸は右から順に，（主にロボットが）実世界で行うサービ

　表 **2.1**　対話タスクの分類
　　　　参照リソース不要：対話自体が目的となるもの
　　　　情報サービス：（ロボットに限らず）情報案内・検索などを行う対話
　　　　実世界サービス：（主にロボットが）実世界で行うサービス

|  | 参照リソース不要<br>（対話が主眼） | 情報サービス | 実世界サービス |
|---|---|---|---|
| ゴールが明確 | 交渉 | 検索・注文[※1]，受付 | 機器操作[※1]，運搬，掃除 |
| 内容が明確 | ディベート，<br>面接・インタビュー | 教育・講習，ガイド | － |
| 目的が明確 | 面談，お見合い，<br>カウンセリング | 展示会・研究紹介，<br>案内 | ヘルパー |
| 目的が明確でない<br>（タスクがない） | 雑談，<br>話し相手・傾聴 | － | － |

　　[※1] 現在，スマートフォンやスマートスピーカで主に扱われているレベルのもの．

ス，（ロボットに限らず）情報案内・検索などを行う対話，これらに該当せず対話自体が目的となるものに分類している．縦軸は，対話の目的・目標について，どの程度明確に定められているかで分類している．表中の“受付”とは，店舗や電話窓口などで，ユーザの要求を聞いて適当なところに接続するタスクを指す．また，“交渉”は，妥結したかどうかが明確にわかるタスクを指す．

## 2.1.1　ゴールが明確な対話タスク

　従来の多くの音声対話システム（本書の前身の書籍で対象としていたもの）は，表 2.1 のうちゴールが明確な対話タスクを扱うものである．ユーザははっきりとした目的をもち，システムはその目的を実現するための具体的な行為をタスクとして遂行（実行）する．ここでの“行為”には，ロボットが物をとってきたり（運搬），ホームオートメーションシステムが部屋の照明を点ける（機器操作）など，物理的な世界に働きかけるようなものも含まれる．ただし，そのような“行為”は，音声対話システムのほかに，運搬システムや機器操作システムなどのサブシステムが組み合わさって大きなシステムが構成されていると考えれば，ほかのサブシステムに指示・命令を伝えるコマンドなどの情報に置き換えることができる．つまり，従来の音声対話システムのタスクは総じて，必要な情報の伝達・交換といってよい．すなわち，対話レベルにおいては，ユーザとシステムの間で所望の情報がやり取りされれば，目的は達成されたものとする．

　このように，ゴールが明確な対話タスクとは，対話の目的（多くの場合，ユーザの対話レベルの要求）が達成できたか否かが客観的にわかるものである．ただし，ユーザの発話には「よい店を教えて」とか「冷たいものがほしい」といった意図があいまいな検索や注文も含まれるので，その場合は「最近，近所で評判のよいお店ということでよろしいでしょうか？」とか「それなら，冷たいコーラはいかがでしょうか？」などと，ユーザの対話の目的を具現化する必要がある．また，この種の対話では，基本的に対話タスクをできるだけ早く遂行することが望まれる．したがって，対話タスクを達成するまでの対話時間や対話ターン数は短いほうがよいとされる．

## 2.1.2　内容が明確な対話タスク

　内容が明確な対話タスクとは，ゴールが明確な対話タスクのように対話の目的が達成できたかが明確にわかるわけではないが，対話の内容が明確に規定されて

いるものである．例えば，e ラーニングを行うエージェントや観光地のガイドは，相手が実際に理解したか否かは別として，説明する内容があらかじめ決まっている．面接やインタビューにおいては，質問する内容はおおむね事前に用意されている．相手の質問や応答に応じて，後に続く対話を生成する必要はあるが，FAQ（frequently asked questions）など，事前に想定できるものも多い．さらに，ディベートにおいても，よく事前準備が重要といわれるように，論点や反論する内容は事前に想定できることが多い．これらの対話タスクの実行においては，ユーザが明確に理解できる発話が求められる．

### 2.1.3　目的が明確な対話タスク

　ゴールや内容が明確でなくても，目的が明確な対話タスクは多く存在する．面談やお見合い，カウンセリングなどはその典型例である．これらは事前に用意した質問だけで行うのは無理がある．また，展示会や研究紹介においても，あらかじめ用意した説明だけでは相手の好感や賛同は得られないだろう．相手に応じて臨機応変な対話をすることが求められる．一方，これらの対話タスクの実行においては，ユーザの質問や要求に対応できない場合でも，お茶をにごしたり，話をそらしたりすることも可能である．こうした場合でも，自然な対話として成立することがある．

### 2.1.4　目的・タスクが明確でない対話

　目的やタスクが明確でない対話，いわゆる雑談（chat）に関しても，そのシステム化の意義や重要性が認識されてきている．例えば，ユーザの話し相手，さらにはまるで話を傾聴しているかのようにユーザが感じるエージェントやロボットの研究開発が進んでいる．また，初対面のユーザと打ち解けたり，愛着をもってもらうためには，ゴール，内容，目的などが明確なタスク指向対話においても，雑談の機能が望まれる．実際，人間どうしのインタビューやカウンセリングにおいても，雑談から始めるのが定石である．

## 2.2

# 情報リソースによる分類

　対話でやり取りされる主要な情報が，どのようにコンピュータ上で表現・管理されるかによっても分類することができる（図 **2.1**）．

### 2.2.1　関係データベース

　利用可能な交通機関や宿泊施設，イベントの検索・予約などを行うアプリでは，通常，対象となる情報が関係データベース（relational database; **RDB**）で管理されている．関係データベースの情報の場合，データベースを構成しているフィールドや，その値の型（type）などがすでに規定されているので，検索要求は SQL コマンドで表現できる．したがって，発話の理解はその要素に対応する意味情報を抽出する処理として定式化できる．

### 2.2.2　自然言語テキスト・知識ベース

　インターネット，あるいはマニュアルや FAQ などの情報は，関係データベースで表現できないようなテキスト（自然言語テキスト）データであり，知識ベース（knowledge base）で管理されている．知識ベースの情報の場合，関係データベー

(a) 関係データベース　　　　　　(b) 自然言語テキスト

図 **2.1**　参照リソースによる音声対話システムの分類

スと同様の方法で定式化することは困難である．また，ユーザの満足度を高める
ためには，単に検索結果を表示するだけではなく，ユーザの質問・要求の内容に
応じて，回答となる部分を抽出して応答することが望ましいが，これには高度な
情報検索や質問応答に関する技術を応用する必要がある．

### 2.2.3　非明示的な参照リソース

　表 2.1 の “参照リソース不要” の列に分類される対話タスクのように，対話が
主眼であるものに対応した情報には，関係データベースにも知識ベースにも明確
に表現・管理されていないものも多い．例えば，対話エージェントやロボットに
対して「今日は暑いね」と述べたり，「好きな食べ物は何ですか？」と聞いたりな
ど，そもそも情報が存在しないものが，“参照リソース不要” の列に分類される対
話タスクでは取り上げられることがある．一切の情報をもたずにこれらの対話タ
スクを遂行することは困難であるが，人間が日常的に行う対話の大半にそれほど
の多様性がないと仮定すれば，ある程度の対話データを集めることで対応できる
と考えられる．ただし，システムのプロファイルなどは内部的に用意しておく必
要がある．さらに，別のアプローチとして，ユーザとの対話によって新たな参照
リソースを獲得するといった方法も考えられる．

## ≫Ｗ■ 2.3

# タスクとドメイン

　本書ではこれまでにタスク，ドメインという用語を繰り返し使用してきたが，本
節ではその定義について述べる．タスクとドメインはしばしば混同されるが，複
雑なシステムにおいて，サブタスクとサブドメインを考えると両者の違いを理解
しやすい（図 2.2）．

### 2.3.1　タスク

　音声対話システムにおけるタスク（task）とは “対話で行うこと” である．これ
には前掲の表 2.1 に示したものなどが含まれるが，さらに細かく分類することも

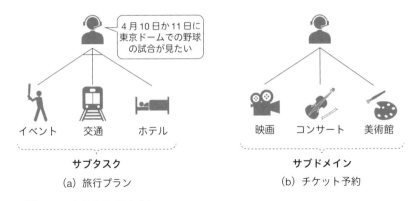

図 **2.2**　タスクとドメイン
（旅行プランを遂行するためにイベントや交通などのサブタスクが
定義され，チケット予約では，映画やコンサートなどの複数のドメ
インが扱われる）

可能である．また，複雑なタスクにおいては，その中に複数のサブタスク（sub-
task）があると考えることもできる．例えば，"ホテルを予約する" タスクの中に
は，"ユーザの希望を聞いて該当するホテルを探す" サブタスクと，"ユーザに個
人情報を聞く" サブタスクがあると考えられる．このとき，メインのタスクの遂
行にはすべてのサブタスクの成功が必要であるので，サブタスクはメインのタス
クの問題分割と考えられ，AND 木で表現できる（図 2.2(a)）．
　サブタスクが多数，多階層になる場合はプランニング（planning）が必要とな
る．例えば，旅行を手配する場合には，乗る飛行機や列車を決めて予約し，泊ま
るホテルを探して予約する必要があるが，ホテルが予約できない場合は飛行機や
列車の日程を変更する必要がある．このように，複数のサブタスクが密接に関係
することからも，プランニングを行う必要がある．

## 2.3.2　ドメイン

　これに対して，音声対話システムにおけるドメイン（domain）とは，対話で扱
われ，かつ，タスクが対象とする領域・範囲を指す．例えば，列車に関する情報
を案内する音声対話システムでは，列車の時刻表や運賃表などがドメインである．
一方，単一のドメインだけだと，タスクとドメインは一体化しているようにみな
せるため，両者の分離はしばしば難しい．
　複雑なドメインにおいては，その中に複数のサブドメイン（sub-domain）があ

ると考えることができる．例えば，観光案内システムでは，利用者の要求に応えて，交通機関の情報を提供したり，観光名所の案内を行ったり，近くの飲食店を紹介したりする．利用者は観光に関連するすべての情報提供を観光案内システムに求めるため，観光案内システムのドメインには，交通機関の情報，観光名所の情報，近くの飲食店の情報などがサブドメインとして含まれる．また，一般的にチケット予約システムでは，さまざまなチケットを取り扱うことで利用者の利便性を追求しているため，コンサートやミュージカル，野球やサッカーなどのさまざまなジャンルのチケットを扱っている．この場合，チケット予約システムのドメインには，それぞれのジャンルのチケットの販売状況に関する情報などがサブドメインとして含まれる．

すなわち，サブドメインは，システム全体が取り扱うドメインの分割に対応しており，単独でも，あるいは複数でもタスクが遂行できることから OR 木で表現できる（図 2.2(b)）．ただし，それぞれのサブドメインにおいて，音声対話システムが利用できる知識のみならず，前節で述べた情報の形式なども異なりうる．

### 2.3.3 スマートフォンアシスタントの構成

スマートフォンアシスタント（あるいはスマートスピーカなど）は，マルチタスク・マルチドメインのシステムととらえることができる．これらのタスクには，アラーム（決められた時刻に音を鳴らす）や音楽プレーヤなどの機器の操作，天気や目的地までのルート案内などの情報検索，スケジュール管理，メールや SNS の送受信などがあり，タスクごとに，さまざまなドメインがある（図 **2.3**）．また，

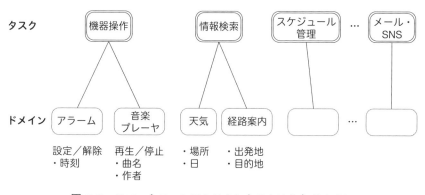

図 **2.3** スマートフォンアシスタントのタスクとドメイン

これらのタスクやドメインのうち，いずれが対象になるかは事前に決まっておらず，ユーザの発話から同定しなければならない．例えば，「明日 8 時に起こして」という発話からアラームを，「明日は晴れますか？」という発話から天気の情報検索をそれぞれ同定し，それぞれの実行に必要な情報（"8 時" や "明日" など）を抽出して，タスクを遂行する必要がある．

## 2.4

# 音声対話のインタフェース

タスク・ドメインだけでなく，ユーザや対話の状況によって音声対話システムの適切なインタフェース（interface）は異なってくる．本節では，音声対話システムのインタフェースについて分類・考察する．

### 2.4.1 スマートフォンなどの携帯端末

スマートフォンなどの携帯端末は個人のガジェット（道具）としての位置付けであり，ユーザの手もとにあるため，音声入力が接話条件（close talk condition）[※2]に近く，出力としてディスプレイを用いることもできる．ゴールが明確な検索・注文などの情報サービスを行うのに適したインタフェースである．

### 2.4.2 スマートスピーカなどの家庭内・車内機器

スマートスピーカなどの，家や自動車などの一角に置いて使用する家庭内・車内機器では，マイクやスピーカは付属しているが，ディスプレイがないことも多い．また，ユーザから離れており遠隔発話となるため，接話条件である携帯端末と比べて音声認識が難しくなる．これらはそもそも家庭内や車内のほかの機器と連携することを目的としているため，ゴールが明確な情報サービスに加えて，機器操作などのサービスを行うのに適したインタフェースである．

----

[※2] マイクと口もとの距離が近い状態を指す．マイクを把持して話す状態がこれに該当する．

(a) スマート　　(b) 仮想　　　　(c) ペット型　　(d) 人型　　　(e) アンド
　　スピーカ　　　　エージェント　　　ロボット　　　　ロボット　　　　ロイド

図 **2.4**　音声対話システムのインタフェースの例

### 2.4.3　バーチャルエージェント

　バーチャルエージェント（virtual agent，仮想エージェント）とは，コンピュータグラフィックス（computer graphics; CG）で作成されたキャラクタなどによるインタフェースを指す[1,2]．スマートフォンやスマートスピーカと比べて，対話相手としての存在感を有する．そのため，公共施設や店舗の受付などにおいて情報提供のサービスを行うのに適している．ロボットのような実体をもたず，ディスプレイに表示されるだけであるが，情報提供のサービスにおいては必ずしも実体が必要ではない場面が多い．ロボットと比べてソフトウェアのみで動作するので，比較的安価で動作が安定していることも特長である．最近では CG キャラクタを用いた動画配信が盛んであり，これを行うための動作追跡・生成や音声変換のソフトウェアが充実してきている．

### 2.4.4　ペット型ロボット

　ペット型ロボット（pet-type robot）とは，動物（仮想生物を含む）などの人間でないものを模したロボットのことである．コンパニオンアニマル（companion animal，人間の伴侶としてのペット）という用語があるように，家庭内でのコンパニオン的な位置付けである．そのアフォーダンス（2.4.7 項参照）から，目的が明確でない話し相手のタスクに適したインタフェースである．

### 2.4.5　人間型ロボット

　人間型ロボット（humanoid robot）とは人間（宇宙人を含む）を模したものである[3]．通常，目と手と足に相当するものがあり，それらが動く．ただし，見た

目が人間に近いものからメカニカルなものまで多種多様であり，大きさもさまざまである．バーチャルエージェントと比べて存在感が大きいので，情報サービスにおいてもゴールや内容が明確でないタスクにおいて，ユーザを引き付ける効用があると考えられる．ただし，人間どうしが対話を行うのと同様の能力を有するとユーザに認識されやすくなるため，一般的な人間どうしのレベルの遠隔発話を扱う必要が生じる．

### 2.4.6　アンドロイド

アンドロイド（android）とは，人間型ロボットの中でも，特に人間のような見かけをし，人間のように振る舞うものをいう．まだ研究段階にあるが，人間と同じレベルの存在感をもつことが目指されており，人間が行う交渉や面接・面談などの対話を代替するインタフェースとなることが期待されている[4-6]．

### 2.4.7　アフォーダンス

上記のインタフェースを比較するうえでは，アフォーダンス（affordance）という概念が重要となる[7]．これは，環境が人間や動物に特定の知覚を afford している（提供している，利用可能にしている）という考え方であり，いわば，「見かけから機能が連想される」という考え方である．つまり，音声対話システムのインタフェースにおいても，人間はアフォーダンスによって，見かけから能力を連想すると考えられる．例えば，人間の子どものような見かけであれば，人間の子どものように振る舞い，人間の子どもレベルのコミュニケーション能力があると連想するであろう．一方，ペットのような見かけであれば，人間並みのコミュニケーション能力はさほど期待されない．また，見かけだけでなく，合成音声の音質にも同様のことがあてはまり，イントネーションが不自然，かつ，明らかにコンピュータで生成されたとわかる非人間的な音声であれば機械を連想するであろう．逆に，イントネーションが自然，かつ，人間的な音声であれば人間を連想することとなり，人間並みに円滑なコミュニケーション能力を有することが期待される．

このアフォーダンスの観点から，上記のインタフェースを比較すると，実体（物理的な存在感）をもつインタフェースのほうがユーザを引き付ける効果がより高く，より愛着ももたれやすいといえる．さらに，ロボットの目や手などによってジェスチャの生成，感情の表出を行えば，ユーザはロボットが感情をもつことも期待するようになるであろう．しかしながら，このような物理的な存在感や複数の

伝達手段（マルチモーダル，multimodal）を活用する音声対話の有用性は，個々のタスクやユーザによって異なる．もともと音声対話システムに協調的なユーザに対してはほとんど不要であるが，音声対話システムをよく理解していないユーザに対しては，タスクが単純でも物理的な存在感やマルチモーダルな音声対話の有用性が高くなる．特に，面接や面談のようなタスクでは，共感や信頼感を引き起こすことが重要であることから，物理的な存在感のあるインタフェースでマルチモーダルな音声対話をすることが望ましい．一方，人間どうしの対話では，相手の発話途中でよく相槌を打つが，従来の仮想的（バーチャルエージェント）あるいは人工的（ロボット）なインタフェースにはそのような機能が実装されていないか，（**Wizard-of-OZ**[※3]による場合でも）不自然に感じられることが多かった．この要因の 1 つとして，ユーザと目を合わせる機能が実装されていないことが考えられる．対話中にときどき目が合うことで，対話相手が話を聞いていることを連想させ，自然な相槌を打つことが可能になると考えられる．

　ターンテイキング（turn taking，**発話権交替**）[※4]についても，従来の仮想的あるいは人工的なインタフェースでは，相手の発話の終了を確認してから発話をするスタイルを常にとっている．しかし，人間どうしの対話では相手の発話の終了を待たずに，自分の発話を開始することが普通である．アンドロイドの開発にあたっては，そのようなターンテイキング，すなわち短い切替えの実装も求められる．

## Hands-on　**Python の実行環境のセットアップ**

　本書では，Python による音声対話システムを構築するうえで，Anaconda を使うことにする[※5]．また，Python のバージョンは 3.8 とする．後でインストールする pyAudio が，本書執筆時点（2022 年 9 月）では Python 3.8 までにしか対応していないためである．

### Anaconda のインストール

　**Anaconda** はディストリビューション（distribution）と呼ばれるソフトウェアのパッ

----

[※3] システムの裏で人間が操作していることをいう．**WOZ** と省略して表記されることが多い．

[※4] 音声対話システムでは，ユーザ発話の終了を検出してシステムが発話を開始する過程を円滑にすることが重要となる．詳細は 9.2 節を参照．

[※5] ただし，使用しているライブラリはオープンソースであるので，Anaconda を利用せずとも構築可能である．

ケージ群であり，Python 本体と関連ライブラリがあらかじめコンパイルされたものである．したがって，Anaconda を利用すると，Python の実行環境の構築が簡略化でき，Python によるソフトウェア開発を円滑に始めることができる[6]．

まず，Anaconda のインストール方法から簡単に述べる[7]．OS は Windows を想定する[8]．Anaconda の Web サイト[9]より，Individual Edition の Anaconda Installers から，インストールする PC の Windows のバージョン（32 ビット版／ 64 ビット版）に対応するインストーラを選択してダウンロードする[10]．次に，ダウンロードしたファイルを実行すると，途中でライセンスに関する質問や環境変数に関する質問のダイアログボックスが現れるが，（特にこだわりがなければ）変更せず「Next」のボタンをクリックし続ければよい．

インストールが完了すると，スタートメニューの「Anaconda 3 (64-bit)」の「Anaconda Prompt (anaconda3)」を起動する．これは Anaconda 環境に対応したコマンドプロンプト（ターミナル）のようなものであり，ここで Python のプログラムが実行できるようになる．通常のコマンドプロンプト[11]でも Anaconda 環境に対応させるためには，この Anaconda Prompt 上で以下のコマンドを入力して実行する[12]．

```
> conda init
```

以降では，Anaconda Prompt または上記の設定を行ったコマンドプロンプト上で Python プログラムを実行することを前提とする．

Anaconda では仮想環境（virtual environment）を作成することができる．これによって，Python のバージョンや目的ごとに実行環境を別々に構築して，それらを切り替えて使用できる．Python 3.8 の仮想環境を作成しよう．まずコマンドプロンプトで以下のコ

---

[6] インストール・利用にあたっては，Anaconda のライセンスをよく確認してほしい．

[7] 詳細や最新情報については関連の Web サイト等で確認してほしい．

[8] macOS あるいは Linux 系の OS でもほぼ同様と思われるが，関連の Web サイト等で確認してほしい．

[9] https://www.anaconda.com/products/distribution　　（2022 年 9 月確認）

[10] Windows 10 の場合，Windows スタートメニューの「設定」アイコンをクリックし，次に「システム」をクリック．左側のメニューから「詳細情報」をクリックすると，「デバイスの仕様」の「システムの種類」に「32 ビット」あるいは「64 ビット」の記載が確認できる．

[11] コマンドプロンプトはキーボードの Windows キーと「R」キーを同時に押し，「ファイル名を指定して実行」の「名前（O）」入力ボックスに「cmd」と入力して，Enter キーを押すと起動できる．

[12] 行頭の > は（出力と区別する意味で）コマンド入力を表しており，実際には入力しない．以降同様である．

マンドを実行する.

```
> conda create --name sds python=3.8 anaconda
```

ただし，sds は仮想環境の名前であり任意のものを指定してほしい．次に，同じくコマンドプロンプトで以下のコマンドを実行することで Python 3.8 の仮想環境に切り替わる.

```
> conda activate sds
```

以降は，この Python 3.8 の仮想環境で実行することとする.

## サンプルソースコード

本書に掲載しているサンプルソースコードはすべて本書のサポートページ（「まえがき」参照）からダウンロードできる．このうち，試しに，hello_world.py を実行してみよう．ソースコードが配置されているフォルダ（ディレクトリ）へコマンドプロント上で移動[13]したうえで，以下のコマンドを実行する.

```
> python hello_world.py
```

Anaconda が正しくインストールされていれば，以下が出力されるはずである.

```
Hello World!
```

また，通常の py ファイル[14]のほかに，Jupyter Notebook[15]で開くことができる ipynb ファイルの 2 種類をそれぞれ用意している．Jupyter Notebook でファイルを開いたほうが，その実行結果が表示されて便利であるため，以降では ipynb ファイルをベースに説明している．それらの一連の処理をクラス形式としてまとめたものが py ファイルに対応する．これは，例えば，最終的に音声対話システムとして各モジュールを統合（利用）する際に用いることを想定している.

---

[13] コマンドプロンプト上で cd コマンドを用いて移動してもよいし，Windows であればエクスプローラを開いて上部のアドレスバー（例えば，「ドキュメント」フォルダだと，「PC > ドキュメント」などと表示されている）の余白部分をクリックし，「cmd」と入力して Enter キーを押すことで，コマンドプロンプトを開くことができる.

[14] Python のプログラムは拡張子が「.py」のファイルである.

[15] Jupyter Notebook の特徴や使い方については，当該公式サイト（https://jupyter.org/（2022 年 9 月確認））や他の解説記事（例えば，「Jupyter Notebook 使い方」で検索）を参照されたい.

## Python の基本的な文法

　各サンプルソースコードにはできるだけコメントを付して，読者の皆さんが動作原理を理解しやすいように心がけているが，Python の文法の説明は本書では割愛する．Python の文法に関しては，関連の Web ページや他書を参照していただきたい．以下にいくつかの例をあげる．

① Python Japan – ゼロからの Python 入門講座

`https://www.python.jp/train/index.html` （2022 年 9 月確認）

② 京都大学 プログラミング演習 Python 2021

`http://hdl.handle.net/2433/265459` （2022 年 9 月確認）

③ @IT Python 入門

`https://atmarkit.itmedia.co.jp/ait/subtop/features/di/`
`pybasic_index.html` （2022 年 9 月確認）

## [コラム]

## コミュニケーションロボットは期待外れ？

2014 年に移動型コミュニケーションロボットの Pepper[16]が発売されると，瞬く間に注目を集め，それまでは「いつか来る未来」だったロボットが商業施設などに導入されるようになった．これを皮切りに，さまざまなコミュニケーションロボットが実用化された．では，利用する側（ユーザ）はどう感じているのだろうか．現在のコミュニケーションロボットへの印象に関する調査結果について紹介する．

（株）日本リサーチセンターによる 2020 年 11 月の調査[17]では，「コミュニケーションロボットは自分には必要ない」と思っている人が全体のおおよそ 8 割であった．一方，今後，世の中にコミュニケーションロボットが普及していくことに対しては 5 割が歓迎している．また，ヤマハ（株）による 2020 年 3 月の調査[18]では，20～30 代の女性の8 割以上が「日常生活においてストレスを吐き出せていない」と感じており，そして，全体の 5 割以上が「悩みを聞いて話し相手になってくれるコミュニケーションロボットがあれば試してみたい」と回答している．以上より，現在のコミュニケーションロボットは，スマートフォンのように，世の中の隅々にまで普及し，ユーザに頼られる存在になったとはまだいい切れないが，一部の人たちにとって，そのような存在になっていくことが期待されているともいえる．この一部の人たちが増えるか減るかは，今後のコミュニケーションロボットの研究開発，およびサービス展開の行方にかかっているだろう．

ちなみに，より普及が進んでいるスマートスピーカについては，マイボイスコム（株）による 2020 年 4 月の調査[19]にて，その認知度は 8 割以上，一方，利用者は 7%であった．利用の内訳は，「天気予報を聞く」「音楽を聴く」「ニュースの読上げ・画面表示」などがほとんどで，スマートフォンに対する優位性が弱いのが現状である．しかしその一方で，スマートスピーカを利用してよかったこととして「家族や大切な人との会話のきっかけが増えた」があり，今後利用したい機能として「高齢者や子どもの見守りに使いたい」があげられるなど，前向きな意見も寄せられている．

□

---

[16] https://www.softbank.jp/robot/pepper/ （2022 年 9 月確認）
[17] https://www.nrc.co.jp/report/210125.html （2022 年 9 月確認）
[18] https://www.yamaha.com/ja/news_release/2021/21010601/ （2022 年 9 月確認）
[19] https://www.myvoice.co.jp/biz/surveys/26111/index.html （2022 年 9 月確認）

# 第3章

# 音声認識

　本章と次章で**図3.1**の上半分，すなわち，音声対話システムに音声言語を理解させる方法論について述べる．このプロセスは，音声認識モジュールとその後処理（post-processing）である言語理解モジュールによって構成される．音声を文字列・単語列（＝テキスト）に変換する処理が**音声認識**である．単に表層的なテキストにするだけではなく，意味表現や意図を抽出する場合，言語理解を組み込む必要があり，これを**音声理解**（speech understanding）と呼ぶ．ただし音声理解においても，多くの場合いったん音声認識を行ってから言語理解の処理を行う場合が多い．本章では，まず音声認識について述べる．

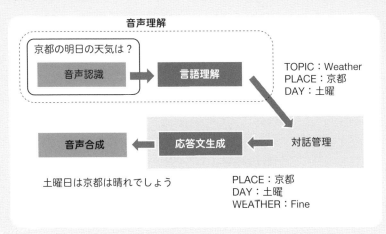

図 3.1　音声対話システムにおける音声認識ならびに音声理解の位置付け

## ∿■ 3.1

# 音声認識の概要

### 3.1.1 連続音声の認識システム

現在の典型的な音声認識システムは確率的なモデルで構成されており，大規模
な音声コーパス（corpus）[※1]を用いて統計的に学習される．これは，入力音声 $X$
に対する事後確率 $p(W|X)$ が最大となる単語列 $W$ を探索する問題として定式化
される．従来，この確率を求めるのに，以下のベイズの定理（Bayes' theorem）に
よって，音響モデルの確率 $p(X|W)$ と言語モデルの確率 $p(W)$ に分解する方法論
が一般に用いられていた．

$$p(W|X) = \frac{p(X|W) \cdot p(W)}{p(X)} \tag{3.1}$$

ここで，右辺の分母は $W$ の決定に影響しないため無視することができる．したがっ
て，分子の対数をとり，さらに若干の修正を行った下式が一般に尤度（likelihood,
もっともらしさ）として評価される．

$$f(W) = \log p(X|W) + \alpha \log p(W) + \beta N \tag{3.2}$$

$\alpha$ は言語モデル重み，$\beta$ は単語挿入ペナルティと呼ばれるパラメータであり，$N$
は仮説 $W$ に含まれる単語数（単語列の長さ）である．

また，音響モデルの確率 $p(X|W)$ は，その単語列 $W$ を構成する音素のそれぞ
れに対する音声パターンのモデルとの照合により得られる確率の累積として求め
られる．一方，言語モデルの確率 $p(W)$ は，その単語の系列 $W$ が（当該タスクド
メイン[※2]において）どの程度もっともらしいかの尺度である．これを原理とした
連続音声[※3]の認識システムの構成を図 **3.2** に示す．以下では，図 3.2 に表したそ
れぞれの処理について説明していく．なお，統計モデルを用いない決定的な文法
の場合，単に受理／棄却に対応する 2 値（1 または 0）として与えることになる．

[※1] 整理および構造化された音声や言語のデータセットをいう．
[※2] タスクとドメインの両方を一体として考える場合は，「タスクドメイン」と表記する．
[※3] 連続音声（continuous speech）とは，1 単語のみを認識する孤立単語（isolated word）
と対比して，複数の単語で構成される自然言語の音声を指す．

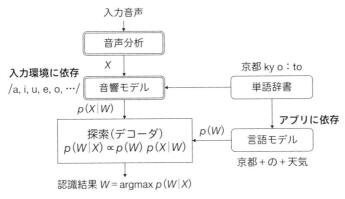

図 **3.2** 音声認識システムの構成

### 3.1.2 音声分析

音声分析（speech analysis）とは，音声をデジタル信号処理して，音素の識別に重要とされるスペクトル包絡（spectrum envelope）を表現する特徴を抽出する処理である．人間の聴覚の特性（メル尺度，Mel scale）にもとづくメル周波数帯域のフィルタバンクを適用した対数パワースペクトル（log–Mel filter bank; LMFB），あるいはこれを離散コサイン変換（discrete cosine transform; DCT）して得られるメル周波数ケプストラム係数（Mel-frequency cepstrum coefficient; **MFCC**）が使用されることが多い．

### 3.1.3 音響モデル

音響モデル（acoustic model）とは，上記の音声分析で得られる特徴量パターンの統計モデルのことである．これには，3状態程度の隠れマルコフモデル（hidden Markov model; HMM）が従来，主に用いられてきた．すなわち，HMM によって音声を離散的な状態でモデル化し，音素の部分セグメントに対応付ける．現在では，この音声と HMM の状態の写像（関数）を求めるために，深層学習にもとづく深層ニューラルネットワーク（deep neural network; DNN）が主に用いられている．

一方，HMM を用いずに，時系列データを扱うことが可能なニューラルネットワークの1つ，再帰型ニューラルネットワーク（recurrent neural network; RNN）のみで直接音素や文字を出力するモデルも実現されており，**end-to-end 音声認識**

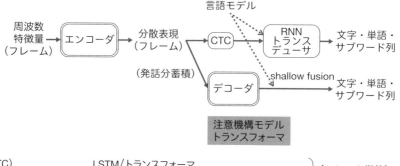

図 **3.3** end-to-end 音声認識モデル

（end-to-end speech recognition）と呼ばれる（図 **3.3**）．end-to-end 音声認識で最も早く実現されたモデルが，音素や文字などを出力の単位として，長期的な依存関係を学習することができる長・短期記憶（long short-term memory; LSTM）を用いて，その出力系列を縮約する **CTC**（connectionist temporal classification）である．さらに，CTC に RNN によって学習した言語モデルを統合して，認識を行うのが，**RNN** トランスデューサである．

このほか，LSTM で入力系列をいったん符号化した後，サブワード（subword）[※4] 系列に復号化する注意機構モデル（attention mechanism model）も研究されている．注意機構モデルはサブワード単位の言語モデルを暗黙的に包含するものととらえられ，さらに外部の言語モデルを組み込むこともできる．なお，サブワードの単位としては，音素や文字を用いることもできるが，単語，あるいはその断片のワードピース（WordPiece）を出力単位としたモデルが一般的になっている．

また，RNN にかわって自己注意機構（self-attention）にもとづくトランスフォーマ（transformer）や，それを拡張したコンフォーマ（conformer）を用いるモデルも導入されており，それらのエンコーダ（符号化器）だけを用いて，CTC や RNN トランスデューサを構成することも可能である．これらの手法の関係を図 3.3 にまとめる．

───────────

※4 単語を文字や部分文字列に分解したもの．これによって低頻度で現れる単語を分解することで，認識システムにおいて未知語（unknown word）を減らすことができる．

　実用的な音声認識の音響モデルは膨大な（数千時間以上の）音声コーパスを用いて学習される．これらは当初はスマートフォンなどの携帯機器を想定して構築されたが，その後，スマートスピーカやカーナビなどのさまざまな機器に展開され，実環境における頑健性も向上している．

## 3.1.4　言語モデルと単語辞書

　言語モデル（language model）とは，単語間の接続関係を規定するもので，人手で記述された決定的な文法にもとづくモデルと，統計的な機械学習にもとづくモデルに大別される．決定的な文法にもとづくモデルの場合は，受理されるか，受理されないかの 2 択であるので，言語モデル確率 $p(W)$ は 1 または 0 になる．これは，対象となるタスクが比較的単純であり，発話パターンが比較的明確に予測できる場合に使用されることが多い．一方，統計的な機械学習にもとづくモデルは，多種多様な発話に対して頑健に動作する反面，学習に大規模なテキストコーパスを必要とする．さらに，$N$ 単語連鎖※5 にもとづく **$N$–gram** モデル（$N$–gram model）と，RNN を用いるモデルがあり，後者のほうが高い精度が得られる反面，より大規模な学習データを必要とする．

　これらの言語モデル，あるいはテキストコーパスは，音声認識対象のタスクドメインに合致していることが望ましく，具体的なケースに応じて使い分けられる．また，**単語辞書**（word dictionary）は，認識対象の語彙の発音を記述するものである．正しく音声認識が行われるためには，この単語辞書の語彙と言語モデルの語彙エントリ（vocabulary entry）※6 が正しく対応しており，かつ，発音を記述する音素が音響モデルで定義されている必要がある（3.2 節参照）．

## 3.1.5　認識エンジン（デコーダ）

　**認識エンジン**（recognition engine）とは，音響モデルと言語モデルを統合して，最尤の（最ももっともらしい）単語列を探索するものである．音声から単語列を"解読"するという意味で，**デコーダ**（decoder，復号化器）と呼ばれることもある．ある単語列 $W$ に対する尤度は，式 (3.2) の $f(W)$ により求められるが，語彙が大きい連続音声の認識では，すべての単語列を評価することが困難になるので，効率的な探索アルゴリズムが必要になる．また，認識エンジンの探索アルゴリズ

---

※5　**単語連鎖**（lexical bundles）とは，一定頻度以上使われる単語のつながりをいう．
※6　文法の記述や統計的モデルの学習において使用される単語の集合．

ムにはさまざまなものがあるが，基本的には何らかの近似を行いながら，有望で
ない仮説の枝刈り（削除）を行うという流れになる．ここで枝刈りを行う基準と
する尤度のしきい値（＝ビーム幅（beam width）という）は，タスクの複雑さに
応じて設定する．さらに，認識エンジンを実装した連続音声認識を行うフリーソ
フトとして，**Julius**[7, 1] や **Kaldi**[8] がある．Julius は標準的な音響モデルを含
めた音声認識キットも充実しており，Web サイトからダウンロード可能である．

　現在の音声認識の大半は，スマートフォンやスマートスピーカなどのデバイス
を意識した発話を前提としており，短い 1 文を明瞭に発声すれば，ほぼ正しく認
識される．また，講演や議会における音声認識も実用化されているが，これらも
基本的には丁寧に発話されることを前提としている．一方，日常会話のような自
然な話し言葉に対して安定した認識精度を実現するのは難しい．このような状況
においては，発話区間（voice activity）を検出すること[9]自体が容易でない．特
に，接話マイクを用いないで自然な会話を入力すると，大幅に認識精度が低下す
る．これは，人間と自然な会話を行うロボットの研究開発，あるいは通常の会議・
ミーティングに近い場面での音声認識では，いまだ実用的な性能を得ることが難
しいことを示唆している．実際，現在の音声認識の大半は，スマートフォンなら
ボタンを押してから発話する push-to-talk が基本であり，スマートスピーカなら
"Alexa" や "OK Google" などのマジックワードをまず発話することが求められ
る．これにより発話区間（開始）の検出を容易にしているのであるが，結果とし
て自然な会話とはいえない状態となる．

## 3.2

# 音声認識のための言語モデル

---

　自然言語をコンピュータで扱う際のモデリングが広義の言語モデルであるが，

---

[7] http://julius.osdn.jp/　（2022 年 9 月確認）
[8] http://kaldi-asr.org/　（2022 年 9 月確認）
[9] 連続した音声信号において，発話開始から終了までの区間を特定する処理を指す．

音声認識においては，単語列・文字列の生成モデル[10]ととらえることができる．また，この過程において，音響的なモデルとの照合が行われる．したがって，音声認識の性能を向上させるには，望ましい単語列を受理するだけではなく，望ましくない仮説を生成しないこと，あるいはもっともらしい単語列に高い尤度を与え，そうでない仮説に低い尤度を与えることが重要となる．

### 3.2.1 語彙と単語辞書

連続音声認識では，まず語彙（vocabulary）を定義する必要がある．この際に，英語などでは単語（word）そのものを単位とするが，日本語では単語の概念が必ずしも明確ではなく，また活用形の扱いの問題もあるので，単語よりやや小さい形態素（morpheme）を単位として用いることが多い．形態素では，「走り＋まし＋た」のように活用語尾は別々に扱われ，「音声＋認識」のように複合名詞も分解して扱われるのが通例である．ただし，以降では簡単のため，形態素も単語と称する．

一方で現在の音声認識システム，特に end-to-end 音声認識システムでは，ワードピースと呼ばれる自動的に構成されたサブワード単位が用いられることも多い．この場合，いったん**文字列仮説**（文字単位での仮説）を生成してから，語彙や言語モデルを適用することになる．また，汎用的な音声認識においては，当該言語，例えば日本語で一般的に用いられる単語から語彙を構成しなければならないが，タスクやドメインがかなり限定されたアプリであれば，使用される語彙が限定され，特有の固有名詞（地名や人名など）が用いられることが多いので，専用の語彙を用意する．

さらに，単語辞書に語彙エントリに対する発音も規定しておく．この発音に関する記述では，通常の正書法によるのではなく，実際の発音を考慮して，音素モデルのエントリと対応をとることが必要となる．例えば，図 **3.4** の例では，「京

| 語彙エントリ | 発音 | 音素記号 |
|---|---|---|
| 京都 | きょーと | ky o: to |
| は | わ | wa |
| 快晴 | かいせー | kaIse: |

図 **3.4** 単語辞書の例

[10] 観測されたデータから，それが生成される確率分布を推定するアプローチ．言語モデルの場合は，単語列・文字列を生成する確率分布を推定することになる．

都」は「きょうと」ではなく「きょーと」と記述され，助詞の「は」については実際の発音形である「わ」が記述されている.

## 3.2.2　パープレキシティ

　音声認識の難しさを表す指標として，**語彙サイズ**（vocabulary size）を用いることもできるが，連続音声認識の場合，それよりむしろ発話や文において，どの程度自由にいい回し（＝単語の連接）を許容するかが重要となる．例えば，日本全国の地名を「？？県@@市」のように入力する場合，必ず最初に都道府県名が発声されることを前提とすれば，最初の単語は都道府県の名前のみ（47 個）となり，次の単語は各都道府県に存在する市町村の名前となる（平均で数十個）．しかし，都道府県名を省略して最初から市町村名を発声してもよいとすると，全国の市町村名も最初の単語として認識対象とする必要があり，途端に数千単語の認識を行うことになり，こちらのほうが困難であることは明白である.

　このようないい回しの自由度も反映した実質的な語彙サイズを表す指標がパープレキシティ（perplexity）である．これは，平均的な認識対象単語数を示すものであり，確率的な言語モデルを用いる場合，エントロピーの 2 のべき乗として定義される．ただし，可能なすべての単語列 $W$（単語数：$|W|$）に対して確率 $p(W)$ を計算するのは現実的でないので，実際には以下の式のように，評価用の文の単語列 $(w_1, \ldots, w_L)$（長さ：$L$）に対して計算したテストセットパープレキシティを用いるのが一般的である.

$$H = \sum_W \frac{1}{|W|} p(W) \log \frac{1}{p(W)} \approx \frac{1}{L} \sum_{i=1}^{L} \log \frac{1}{p(w_i|w_1 \cdots w_{i-1})} \tag{3.3}$$

$$PP = 2^H \tag{3.4}$$

ここで，$H$ はエントロピー，$PP$ がパープレキシティである．式 (3.3) の右辺において，$\dfrac{1}{p(w_i|w_1 \cdots w_{i-1})}$ は，確率的な言語モデルでない場合，すなわちその時点の対象単語の生起確率が等しいとすると，単語の種類数になる．また，連続する数字の認識など，単語の任意の連接を許す場合は，パープレキシティは語彙サイズに一致する．一般に，語彙やいい回しが限定されていれば，パープレキシティは小さくなり，その分，音声認識が容易になるので，パープレキシティはタスクの容易さを示す尺度として用いられる．さらに，パープレキシティはその言語モデルのよさを示す尺度としても用いられる．ただし，これは言語モデル自体の改

善にもよるし，学習データの大きさやその言語モデルへの適合度にも依存する.

### 3.2.3 記述文法

　タスクドメインが比較的単純な場合，想定されるいい回しのパターン，つまり文法（grammar）を人手で記述したほうが効率的な場合が多い．このような文法のうち，最も単純なのは有限状態オートマトン（**FSA**）によるものである（図 **3.5**）．これは人間にも直感的で記述しやすく，また音声認識システムにおいても単語を効率的に予測・照合することができる.

　一方，FSA による文法（正規文法（regular grammar）という）より複雑なものとして，**文脈自由文法**（context-free grammar; **CFG**）がある．文脈自由文法では，文法は規則の集合によって記述される．図 **3.6** は **BNF**（Backus–Naur form）と呼ばれる記法で文脈自由文法を記述した例である．このように，タスクドメインが比較的単純な場合，FSA や BNF で記述できる場合が多い.

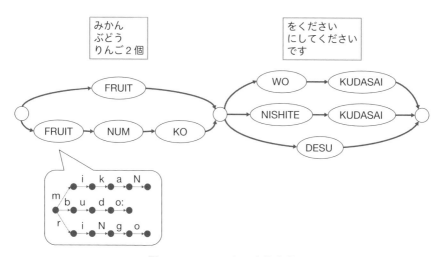

図 **3.5** FSA による文法表現

図 **3.6** BNF 記法による文脈自由文法の記述例

## 3.2.4 単語 $N$–gram モデル

対象が限定されたタスクドメインでない場合，想定されるいい回しのパターンを直接記述することは困難であり，かわって統計的な言語モデルを用いることになる．統計的な言語モデルのうち，従来，一般的に用いられてきたものが**単語 $N$–gram モデル**（word $N$–gram model）である．これは次式のように，$N$ 単語連鎖の統計にもとづいて，$(N-1)$ 単語の履歴から次の単語の生起確率を求めるものである．

$$p(w_i|w_{i-(N-1)}, \cdots, w_{i-1}) = \frac{C(w_{i-(N-1)}, \cdots, w_{i-1}, w_i)}{C(w_{i-(N-1)}, \cdots, w_{i-1})} \tag{3.5}$$

ただし，$w_i$ は文中の $i$ 番目の単語，$C(\cdot)$ は単語列パターンの出現回数をそれぞれ表す．ここで，$N=1$ の場合を **uni-gram** といい，単純な単語出現頻度にもとづく場合に相当する．$N=2$ の場合を **bi-gram** といい，先行 1 単語のみに依存するモデルになる．また，$N=3$ の場合を **tri-gram** といい，多くの場合において最も効果的であるといわれている．$N$ を 4 以上にすることは可能だが，十分に信頼できる統計量を推定するのが困難になる．

一方，tri-gram においても，式 (3.5) のように単純に学習データから最尤推定を行うと，膨大な数のエントリを記憶する必要がある反面，学習データに出現しなかったエントリに対して確率が得られない．そこで，頻度の少ないエントリを削除（カットオフ）する一方で，統計量の存在しないエントリに対して，より単純なモデルから外挿（バックオフ）するスムージング（smoothing，平滑化）を行う．具体的には，次式のように，tri-gram があればそれを補正して用い，なければ bi-gram に係数を乗じて利用する．なお，tri-gram も bi-gram も存在しない場合には，同様にして uni-gram のバックオフにより bi-gram（$\hat{p}(w_i|w_{i-1})$）を算出して用いる．

$$\hat{p}(w_i|w_{i-2}, w_{i-1}) = \begin{cases} \alpha \, p(w_i|w_{i-2}, w_{i-1}) & \text{(tri-gram が存在する場合)} \\ \beta \, p(w_i|w_{i-1}) & \begin{array}{l}\text{(tri-gram が存在せず，} \\ \text{bi-gram が存在する場合)}\end{array} \\ \hat{p}(w_i|w_{i-1}) & \text{(それ以外の場合)} \end{cases}$$
$$\tag{3.6}$$

ここで，$\alpha$ をディスカウント係数，$\beta$ をバックオフ係数という．$\alpha$ の推定にはいくつかの方法が提案されているが，**Witten–Bell** 法では以下のようにする．

$$\alpha = \frac{(\text{tri-gram の総数})}{(\text{tri-gram の総数}) + (\text{tri-gram の種類数})} \tag{3.7}$$

また，$\beta$ は履歴ごとに確率の総和を 1 にするような正規化係数である.

さらに，汎用的な言語モデルの構築には，新聞記事コーパスや Web 上のテキストなどを用いることができるが，タスクやドメインが限定されている場合は，それらに合致した学習用のテキストデータを収集する必要がある．この際に利用できる $N$–gram モデルの構築を行うためのオープンソースのツールキットとして，**palmkit**[※11]などがある．これらのツールキットで用いられている ARPA フォーマットによる $N$–gram の例を図 **3.7** に示す.

### 3.2.5　クラス *N*–gram モデル

前項の最後に，「タスクやドメインが限定されている場合は，それらに合致した学習用のテキストデータを収集する必要がある」と述べたが，実際は，これを大規模に行うことは容易ではない．その場合，個別の単語に対して十分な統計量を推定できないため，**クラス *N*–gram** モデル（class $N$–gram model）がしばしば用いられる．クラス $N$–gram は，単語単位で $N$–gram を構築するのではなく，単語を一定のクラスに分類し，クラス間の連鎖とクラス $c$ 内の単語 $w$ の生起確率 $p(w|c)$ を組み合わせて単語の代用とするものである．クラス $N$–gram モデルの tri-gram の場合，単語の生起確率は次式で求められる.

$$p(w_i|w_{i-2}, w_{i-1}) = p(w_i|c_i)\, p(c_i|c_{i-2}, c_{i-1}) \tag{3.8}$$

なお，すべての単語をクラス化する必要はなく，クラスのエントリと単語のエン

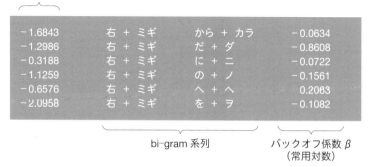

図 **3.7**　$N$–gram（ARPA フォーマット）の例

[※11] http://palmkit.sourceforge.net/　（2022 年 9 月確認）

トリが混在していてもよい.

　クラス化の典型例として，同じようなカテゴリの名詞を 1 つにすることが考えられる．例えば，FRUIT というクラスに「りんご」や「みかん」などを割り当てると，図 3.5, 図 3.6 で示した文法で用いたカテゴリと同等のものができる．つまり，「みかんを 1 個ください」という文があれば，「りんごを 1 個ください」という文も同様に（あるいは，みかんとりんごの頻度に応じて）出現するとみなす．したがって，クラス $N$–gram は，単語 $N$–gram と記述文法の折衷的な形態ととらえることができる.

　クラス $N$–gram は一般に学習データが小さいときに有効である．さらに，人名や地名などエントリ数が多い固有名詞や，商品名などのように語彙が入れかわることが予想される場合に，特に効果的である.

### 3.2.6　RNN 言語モデル

　深層学習の展開にしたがって，言語モデルにおいてもニューラルネットワークにもとづくモデルの導入が進められている．このうち，最も単純で一般に用いられているのが，図 **3.8** に示す RNN にもとづくもの（**RNN** 言語モデル（RNN language model）という）である．これは，個々の単語に対応する単語 ID を数値に射影する層を経た後，その次の中間層を記憶し，次の予測に用いるというものであり，再帰的に行うことで，結果的にそれまでの履歴をすべて符号化して保持することができる．したがって，$N$–gram モデルに比べて高い精度が期待されるが，その学習には大規模なデータが必要である．また，この計算にはすべての単語履歴を必要とするので，非常に多くの仮説を保持する従来型の音声認識デコーダに

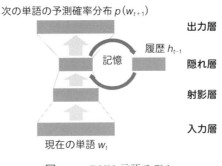

図 **3.8**　RNN 言語モデル

組み込むのは困難である．認識結果を複数候補（N–best）求めた後で，それらを再評価（リスコアリング）するために用いるのが一般的である．一方，end-to-end音声認識においては，shallow fusion などの方法で組み込むことができる．

### 3.2.7 言語モデルの学習データの収集

本節で述べてきた統計的な言語モデルを構築するには，個々のタスクドメインに適合した大規模なテキストデータが必要である．そのようなデータを音声対話システムが利用されていく中で収集できればよいが，まだ音声対話システムが実用化されていない段階では，これは望むべくもない．また，人間どうしで対話した過去のデータを活用しようとしても，対話相手が人間の場合と機械の場合で発話内容や発話スタイルはかなり異なる．

さらに，実際のシステムを人間が模擬した WOZ を用いて，対話データを収集することも考えられるが，人間にとって WOZ を忠実に演じるのはそれほど容易ではなく，これによる大規模なデータ収集は困難である．結局，想定される発話を（クラウドソーシングなども用いて）作成していくのが最も手っ取り早いということになる．別のアプローチとして，Web や SNS に存在するテキストデータから類似しているものを収集・選択することも考えられるが，テキスト入力と音声入力の差を考慮する必要がある．

## ⋙▪ 3.3

# 音声対話システムにおける音声認識システム

### 3.3.1 音声認識システムの選択肢

音声対話システムを構築するうえで用いる音声認識システムを選ぶ際には，大きく分けて以下の2つの選択肢がある．厳密には，クラウド型でないクライアントで動作する商用ソフトウェアもあるが，商用のものはほとんどクラウド型になっている．また，商用のソフトウェアも一定程度は無償で用いることができるが，大規模あるいは長期間にわたって展開しようとすると有償となる．

**(1)　商用のクラウド型サーバ**

　現在，音声認識システムを商用のクラウド型サーバにて，AWS 社，Google 社，IBM 社，Microsoft 社，NTT グループなどが API の形式で提供している．これらにはいずれも最新の技術が導入されており，大規模なデータで学習されているので，（現状の技術水準で可能な限り）高い認識精度が期待される．一方，単語辞書の追加や言語モデルのカスタマイズができないものが多い．また，追加できても，言語モデルを適切にカスタマイズできないと期待どおりの認識ができない．特に，人名や商品名など，固有名詞が重要なタスクドメインではこの問題が起きやすい．また，クラウドサーバとの通信が必要となるので，一定の処理遅れは不可避であり，人間レベルの自然なターンテイキングを実現するうえで問題となる．

**(2)　フリーソフトウェア**

　前述の Julius や Kaldi などのフリーソフトウェアを用いれば，タスクドメインに合わせてカスタマイズした音声認識システムを自ら構築することが可能である．なお，音響モデルは付属されているものを用いることにして，単語辞書や言語モデルのみをカスタマイズすることが現実的である．これにより，そのタスクドメインに特化した語彙やいい回しを認識させることが可能になる．また，音声認識システムをクライアント（ローカル）に置くことが可能なので，外部ネットワークに依存せずに対話システム全体を構築することができる．一方，（主に音響モデルの学習量の点から）認識精度は商用のクラウド型サーバに及ばないことが多い．

## 3.3.2　システムへの発話の検出

　音声認識システムを構成・用意できたら，次に，それに入力される音声を適切に与える必要がある．ここで，1 名のユーザがそのプロンプト（prompt，システムによる呼びかけ）に応じて，音声対話システムに向かって発話する状況であれば，音声認識システムに発話区間検出を委ねてもよい．しかし，音声対話システムがロボットなどに実装されており，実環境に存在する場合，ユーザの発話がすべて音声対話システムに向けられたものとは限らない．つまり，複数の人が存在する状況では，人間どうしの会話とロボット（音声対話システム）に向けられた発話を区別する必要がある．

　一方，現在のスマートスピーカでは "Alexa" や "OK Google" などのマジックワードがこの機能を果たしているが，より自然な対話を実現するには，ユーザの

発話を自動的に検出する機能が必要である．これには，ユーザの視線の情報や発話の韻律パターン，そして発話の内容を利用することが考えられる．また，それらを統合して機械学習を行う研究開発も行われているが，発話検出にはかなり高い精度が要求されるため，対話全体の文脈やターンテイキングのモデルも統合して行うことが望まれる．

### 3.3.3　信頼度の利用と誤り回復

音声認識結果には，その確からしさを示す指標として，信頼度が付与されることが多い．これは通常，事後確率に対応し，0から1の間をとることが多い．そして，信頼度が高くない場合には，認識結果が誤っている可能性が高いので，その仮説を言語理解に用いないようにしたり，その項目についてユーザに確認したりするなどの方策が考えられる．一方で，「○○でよろしいですか？」などと確認するようにしても，誤りがあった場合にそれを訂正する方法（誤り回復）は自明ではない．また，音声区間の誤検出などにより，確認自体が意味不明な場合もある．

一般に，音声認識の誤りを音声で修正するのは容易ではなく，GUIなどのほかの手段を用いて行うほうが実用的である．また，情報検索や機器操作であれば，あまり長いやり取りを必要としないので，誤りがあればユーザにいい直してもらう仕様にしたほうが簡単である．しかし，今後の研究開発の発展において，音声認識の誤りを考慮した音声対話システム設計は重要である．具体的には，次章で述べる言語理解において頑健な手法を採用するとともに，多少の誤りが生じても対話が破綻しない枠組の構築が求められる．

### Hands-on　クラウド型音声認識の利用

クラウド型の音声認識サービスを利用してみよう．音声認識サービスを呼び出す部分はPython言語で実装して，その他のモジュールとの連結を容易にする．以下ではGoogle Cloud の Speech-to-Text[12]を利用する．

......................................

[12] https://cloud.google.com/speech-to-text?hl=ja　（2022年9月確認）

## 1. 事前準備

## Google Cloud Platform の登録

はじめに Google Cloud Platform の認証アカウントキーを取得する[※13]．このキーは，Google Cloud の音声認識および音声合成の API を利用するために必要となるものである．本書執筆時点（2022 年 9 月）では音声認識（Speech-to-Text）は 1 か月あたり 60 分以内，音声合成（Text-to-Speech）は 1 か月あたり 400 万文字（WaveNet などは 100 万文字）以内であれば，無料で利用することができる[※14]．

認証アカウントキーを取得する手順（2022 年 9 月時点）は以下のとおりである．ただし，Google アカウントにログインした状態で行うこと．

### ■ API の有効化

① Google Cloud Platform の Web サイト（`https://console.cloud.google.com`（2022 年 9 月確認））へアクセスする．

② 画面左上のメニューから「API とサービス」→「ライブラリ」を選択する．

③ 検索欄に「speech」と入力し，「Cloud Speech-to-Text API」を開き，「有効化」を選択する．

④ 同様の方法で，「Cloud Text-to-Speech API」（音声合成）も有効化しておく．

### ■ 認証キーの発行

⑤ Google Clound の「認証のスタートガイド」（`https://cloud.google.com/docs/authentication/getting-started`（2022 年 9 月確認））へアクセスする．

⑥ 「[サービスアカウントキーの作成] ページに移動」を選択する．

⑦ 画面左上のメニューから「API とサービス」→「認証情報」を選択する．

⑧ アカウントキーの作成ページが開かれるので，以下のように設定して，キーを作成する．

　　　・「サービスアカウント」→「新しいサービスアカウント」

......................................................

[※13] Google アカウントは次の URL から作成することができる．
　　`https://www.google.com/intl/ja/account/about/`　（2022 年 9 月確認）
　　　一般に開発向け／個人向け／業務利用向けなどの利用形態により，それぞれのライセンスの内容は異なる．利用にあたっては，各アカウントの規定に正しく準拠することが求められる．また，本書で解説している手順・画面等は予告なしに変更される場合がある．

[※14] 利用するにあたってユーザの個人情報や API 利用料金の支払方法の情報などの登録を求められる．個々の使用上の注意などをよく確認して，自らの責任において使用されたい．本書の記述内容などを利用する行為やその結果に関しては，著作者および出版社では一切の責任をもたない．

・「アカウント名」→（任意．空白不可）

・「ロール」→「Project」→「オーナー」

・「アカウント ID」→（自動的に設定されるためそのまま）

・「キータイプ」→「JSON」

⑨ 最後に「作成」ボタンを押すと認証キーファイル（JSON 形式）のダウンロードが開始されるので保存する．保存場所は，この後に実装するプログラムと同じフォルダにするとよい[15].

## 必要な Python パッケージのインストール

次に，必要な Python パッケージをインストールする．コマンドプロンプトを開き[16]，以下の Python パッケージをインストールする．

以降では，Anaconda 環境を前提として conda コマンドを用いたインストール方法を紹介する[17]．まずは，pyAudio をインストールする．

```
> conda install -c anaconda pyaudio
```

続いて，google-cloud-speech をインストールする．

```
> conda install -c conda-forge google-cloud-speech
```

## 2. クラウド型音声認識呼出しプログラムの実装

事前準備ができたので，続いてクラウド型の音声認識サービスを呼び出すプログラムを実装しよう．Google の音声認識には，バッチ処理型のものとストリーミング型のものがある．バッチ処理型はすでに録音された音声ファイルを後から認識する際に，ストリーミング型はマイクから入力された音声を逐次入力・認識する際に，それぞれ適している．

音声対話システムにおいては，マイクから入力されるユーザの音声を，なるべくすばやく認識する必要があるため，後者のストリーミング型を用いる．また，マイク入力の処理には pyAudio を用いる．

.................................................

[15] このファイルは API の使用者を特定し，利用量・料金を計算するためのものであるため，公開したり他人に渡したりしないこと．

[16] 第 2 章の Hands-on で説明した Python 3.8 の仮想環境を使用する．これには，例えば仮想環境の名前が「sds」の場合，> conda activate sds というコマンドを実行すればよい．

[17] Anaconda 環境ではない場合には pip コマンドを用いて，> pip install pyaudio，> pip install google-cloud-speech としてインストールすることができる．一方，Anaconda 環境では pip によるインストールは推奨されていない．

本書のサポートページ（「まえがき」参照）の対応するサンプルソースコードは以下のとおりである.

・asr_google_streaming_vad.ipynb（Jupyter Notebook 形式）

・asr_google_streaming_vad.py（クラス形式[18]）

なお，後述する発話区間検出を実装しないシンプルなバージョンについては，asr_google_streaming.ipynb と asr_google_streaming.py がそれぞれ対応している.

まず，必要なライブラリを読み込む.

```
1   # 必要なライブラリを読み込む
2   import os
3   import numpy as np
4   import math
5   import struct
6
7   # Google 音声認識を使用するためのライブラリ
8   from google.cloud import speech
9
10  # マイク入力のライブラリ
11  import pyaudio
12
13  # 入力音声データを保持するデータキュー
14  from six.moves import queue
```

続いて，以下の 2 つのクラスを作成する.

## マイク入力クラス

マイクからの音声入力を処理するためのクラスを作成する. このために，以下のようにコンストラクタ（_init_ メソッド）を実装する. 各種パラメータを設定し，pyAudio によるマイク入力を開始している.

```
1   #
2   # 音声入力を行うためのクラス
3   # 発話区間を検出し,発話が終了すると音声入力も終了する
4   #
5   class MicrophoneStream(object):
6
7       # 音声入力ストリームを初期化する
```

---

[18] 最終的に音声対話システムとして各モジュールを統合（利用）する際に用いることを想定したもの.

```
 8      # マイク入力のサンプリングレートと
 9      # 音声データを受けとる単位(サンプル数)を指定する
10      def __init__(self, rate, chunk):
11
12          # マイク入力のパラメータ
13          self.rate = rate  # サンプリングレート
14          self.chunk = chunk  # 音声データを受けとる単位(サンプル数)
15
16          # 入力された音声データを保持するデータキュー
17          self.buff = queue.Queue()
18
19          #
20          # 発話区間検出のパラメータ
21          #
22
23          # [ dB] 発話区間検出のパワーのしきい値(入力環境によって要調整)
24          self.TH_VAD = 45
25
26          # [sec] しきい値以上の区間がこの長さ以上続いたら発話区間の開始を認定
                する
27          self.TH_VAD_LENGTH_START = 0.3
28
29          # [sec] しきい値以下の区間がこの長さ以上続いたら発話区間の終了を認定
                する
30          self.TH_VAD_LENGTH_END = 1.0
31
32          #
33          # 発話区間検出のための変数
34          #
35
36          # 現在発話区間を認定しているか
37          self.is_speaking = False
38
39          # 現在まででしきい値以上の区間が連続している数
40          self.count_on = 0
41
42          # 現在まででしきい値以下の区間が連続している数
43          self.count_off = 0
44
45          # 発話が終了したか
46          self.end = False
```

```
47
48        # 現在のパワーの値を確認するための文字列（音声認識のクラスから参照）
49        self.str_current_power = ''
50
51        # pyaudio の初期化
52        self.audio_interface = pyaudio.PyAudio()
53
54        # マイク音声入力の設定と開始
55        self.audio_stream = self.audio_interface.open(
56            # 音声データの形式
57            format = pyaudio.paInt16,
58            # チャネル数
59            channels = 1,
60            # サンプリングレート
61            rate = rate,
62            # 音声入力として使用
63            input = True,
64            # 音声データを受けとる単位
65            frames_per_buffer = self.chunk,
66            # 音声データを受けとるたびに呼び出される関数
67            stream_callback = self.callback
68        )
69
70        # 音声ストリームを開始したのでフラグをオフに
71        self.closed = False
```

　次に，pyAuido によるマイク入力において，一定のサンプル数が入力されるごとに呼び出されるコールバック関数を定義する．このために，受けとった音声データをデータキューへ保存し，ユーザ発話の開始と終了を検出する処理を行う．今回は音声のパワー（音量）にもとづいて開始と終了を検出する．この開始と終了を検出する音量のしきい値（TH_VAD）はコンストラクタで設定されるが，マイクの種類，周囲の環境，話し方に応じて適宜調整する必要がある．発話区間の終了が検出されるとマイク入力が終了し，音声認識も終了する．

```
1     # 音声入力のたびに呼び出される関数
2     # 同時に音声パワーにもとづいて発話区間を判定
3     # 引数は pyaudio の仕様に合わせたもの
4     def callback(self, in_data, frame_count, time_info, status_flags):
5
6         # 入力された音声データをキューへ保存
```

```
 7          self.buff.put(in_data)
 8
 9          # 音声のパワー（音声データの2乗平均）を計算する
10          in_data2 = struct.unpack('%dh' % (len(in_data) / 2), in_data)
11          rms = math.sqrt(np.square(in_data2).mean())
12          # RMS からデシベルへ
13          power = 20 * math.log10(rms) if rms > 0.0 else -math.inf
14
15          # パワーの値を表示
16          self.str_current_power = '音声パワー：%5.1f[dB]␣' % power
17          print('\r' + self.str_current_power, end='')
18
19          # 音声パワーがしきい値以上，かつ発話区間をまだ認定していない場合
20          if power >= self.TH_VAD and self.is_speaking == False:
21
22              # しきい値以上の区間のカウンタを増やす
23              self.count_on += 1
24
25              # しきい値以上の区間の長さを秒単位に変換
26              count_on_sec = float(self.count_on * self.chunk) / self.rate
27
28              # 発話区間の開始を認定するしきい値と比較
29              if count_on_sec >= self.TH_VAD_LENGTH_START:
30                  self.is_speaking = True
31                  self.count_on = 0
32
33          # 発話区間を認定した後に，音声パワーがしきい値以下の場合
34          if power < self.TH_VAD and self.is_speaking:
35
36              # しきい値以下の区間のカウンタを増やす
37              self.count_off += 1
38
39              # しきい値以下の区間の長さを秒単位に変換
40              count_off_sec = float(self.count_off * self.chunk) / self.
                   rate
41
42              # 発話区間の終了を認定するしきい値と比較
43              if count_off_sec >= self.TH_VAD_LENGTH_END:
44                  self.end = True
45                  self.count_off = False
46
```

```
47          # データキューにNoneを入力することで
48          # 音声認識を終了させる（最終結果を得る）
49          self.buff.put(None)
50
51      # しきい値と比較して，反対の条件のカウンタをリセット
52      if power >= self.TH_VAD:
53          self.count_off = 0
54      else:
55          self.count_on = 0
56
57      # 次のフレームの入力を受けとるために必要
58      return None, pyaudio.paContinue
```

　次に，後述の音声認識を行うクラスが音声データを取得するときに呼び出す generator メソッドを定義する．これによって入力された音声データを保存しているデータキューからデータを取り出し，ジェネレータ[19]としてバイナリ形式の音声データを返す．

```
1       # 音声認識を行うクラスが音声データを取得するための関数
2       def generator(self):
3
4           # 音声ストリームが開いている間は処理を行う
5           while not self.closed:
6
7               # キューに保存されているデータをすべて取り出す
8
9               # 先頭のデータを取得
10              chunk = self.buff.get()
11              if chunk is None:
12                  return
13              data = [chunk]
14
15              # まだキューにデータが残っていればすべて取得する
16              while True:
17                  try:
18                      chunk = self.buff.get(block=False)
19                      if chunk is None:
20                          return
21                      data.append(chunk)
```

[19] return ではなく yield で戻り値を定義し，for 文などでの呼出しにおいて順々にデータを返すもの．

```
22          except queue.Empty:
23              break
24
25          # yield にすることでキューのデータを随時取得できるようにする
26          yield b''.join(data)
```

最後に，終了処理を exit メソッドとして定義する．

```
1      # 終了時の処理
2      # 音声認識を終了したいときにはこの関数を呼び出す
3      def exit(self):
4
5          # 音声ストリームを終了
6          self.audio_stream.stop_stream()
7          self.audio_stream.close()
8
9          # 終了フラグ
10          self.closed = True
11
12          # キューへ None を追加
13          self.buff.put(None)
14
15          # pyAudio を終了
16          self.audio_interface.terminate()
```

## 音声認識 API の呼出しクラス

音声認識 API を呼び出すクラスを実装する．コンストラクタ（__init__ メソッド）において，パラメータの設定や音声認識クライアントの初期化を行う．

```
1      #
2      # Google 音声認識を行うためのクラス
3      # マイク入力のためのクラスのインスタンスを受けとる
4      #
5      class GoogleStreamingASR(object):
6
7        # 音声認識インタフェースを初期化
8        # サンプリングレートとマイク入力のためのクラスのインスタンスを受けとる
9        def __init__(self, rate, microphone_stream):
10
11          # Google 音声認識 API を使用するための認証キーの設定
```

```
12    path_key = './google-credentials.json'  # 認証キーのファイルパスを指定
      する
13    os.environ['GOOGLE_APPLICATION_CREDENTIALS'] = path_key
14
15    # マイク入力のためのクラスのインスタンスを保持
16    self.microphone_stream = microphone_stream
17
18    # 音声認識クライアントの初期化
19    self.client = speech.SpeechClient()
20
21    # 音声認識の設定
22    self._config = speech.RecognitionConfig(
23      encoding = speech.RecognitionConfig.AudioEncoding.LINEAR16,  # 音声
        データの形式
24      sample_rate_hertz = rate,  # サンプリングレート
25      language_code = 'ja-JP'    # 言語
26    )
27
28    # ストリーミング音声認識の設定
29    self.streaming_config = speech.StreamingRecognitionConfig(
30      config=self._config,
31      interim_results=True
32    )
```

　次に，ストリーミング音声認識の結果を受信するたびに呼び出される recieve_asr メソッドを定義する．ストリーミング音声認識の結果には，途中と最終の 2 種類があり，どちらも出力されるため，それぞれに応じて処理を分けている．

```
1    # 音声認識結果を受信したときの処理
2    def recieve_asr_result(self, responses):
3
4    # responses はイテレータのため，
5    # 新たな認識結果が得られるたびにこのループが実行される
6    for response in responses:
7
8      # 認識結果が無効であれば処理しない
9      if not response.results:
10       continue
11
12     result = response.results[0]
13     if not result.alternatives:
```

```
14        continue
15
16     # 現時点での認識結果の文を取得
17     result_sentence = result.alternatives[0].transcript
18
19     # 音声認識の途中結果の場合
20     # ストリーミング音声認識の場合に取得可能
21     if not result.is_final:
22
23       # 現在のパワーの値も表示するために取得
24       tmp = self.microphone_stream.str_current_power
25
26       # 途中の認識結果を表示
27       print(u'\r' + tmp + '途中結果:␣' + result_sentence, end='')
28
29     # 確定した認識結果の場合
30     # マイク入力を終了する
31     else:
32       # 認識結果データを保存
33       self.final_asr_result = result
34
35       # マイク入力を終了
36       self.microphone_stream.exit()
```

　最後に，このクラスを利用する側において，最終的な音声認識結果を取得するために呼び出される get_asr_result メソッドを定義する．これによって，音声認識 API に接続し，マイク入力を行うクラス（MicrophoneStream）の generator メソッド（ジェネレータ）により，入力音声データを取得し，それを音声認識のサーバへ送信する．

　その後，認識結果が返されると，recieve_asr メソッドを呼び出す．

```
1    # 音声認識APIを実行して最終的な認識結果を得る
2    def get_asr_result(self):
3
4      # マイク入力に応じてストリーミング音声認識を実行
5      audio_generator = self.microphone_stream.generator()
6      requests = (speech.StreamingRecognizeRequest(audio_content=content)
7        for content in audio_generator)
8
9      # 認識されるとrecieve_asr_result関数が呼ばれる
10     responses = self.client.streaming_recognize(self.streaming_config,
```

```
         requests)
11    self.recieve_asr_result(responses)
12
13    # 認識結果を返す
14    return self.final_asr_result
```

## 音声認識のテスト

　それでは，音声認識を実行してみよう．以下のように，音声認識結果と同時に，認識結果全体の信頼度スコアも取得できるようにしてある．

```
1   # サンプリングレートは 16000 Hz
2   # 音声データを受けとる(処理する)単位は 1600 サンプル=0.1秒
3
4   # マイク入力を初期化・開始
5   micStream = MicrophoneStream(16000, 1600)
6
7   # Google 音声認識を使用するクラスを初期化
8   asrStream = GoogleStreamingASR(16000, micStream)
9
10  print('＜認識開始＞')
11  result = asrStream.get_asr_result()
12
13  # 認識結果を表示
14  if hasattr(result, 'alternatives'):
15    print()
16    print('最終結果：' + result.alternatives[0].transcript)
17    print('信頼度スコア (0.0 ~ 1.0)：%f' % result.alternatives[0].confidence)
```

　実行結果の例を以下に示す．

```
＜認識開始＞
音声パワー：  6.3[dB] 途中結果：京都駅周辺の中華料理屋を教えて
最終結果:京都駅周辺の中華料理屋を教えて
信頼度スコア (0.0 ~ 1.0)：0.958066
```

# 第 4 章

# 言語理解

本章では，前章で説明した音声認識に続いて，言語理解について述べる．**言語理解**とは，音声認識結果（単語列）から，意味表現や意図といった情報をコンピュータが理解可能な形で抽出する処理である．ここで抽出された情報が次の対話管理に渡されることになる．また，対象とするドメインやタスクで必要となる知識の総称を**概念モデル**（conceptual model）と呼ぶ．概念モデルはドメインやタスクごとに異なるので，言語理解によって抽出される情報の形式と値も，対象とするタスクやドメインごとに用意しなければならない．言語理解で抽出すべき情報について説明した後，これらを識別するためのルールベース，統計的識別モデル，およびニューラル識別モデルについて説明する．

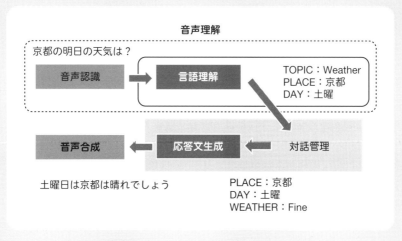

図 **4.1** 音声対話システムにおける言語理解の位置付け

## 4.1

# 言語理解の基礎概念

　言語理解では，音声認識結果（単語列）を入力とし，後続の対話管理で利用される情報を抽出（出力）する．ここでの出力は，ドメイン，意図，スロット値などである（図 **4.2**）．4.2 節以降でも，この 3 つの情報について扱うこととする．

「3000 円の予算で
京都駅近くの飲食店
を教えて」

**ユーザ発話**

ドメイン＝飲食店
意図＝検索
スロット値
　予算＝3000 円
　場所＝京都駅近く

**言語理解の出力**

図 **4.2**　言語理解の入出力の例

### 4.1.1　ドメイン

　タスクが対象としている対話の領域・範囲のことをドメインという（2.4 節参照）．後述する意図やスロットはドメインごとに用意することになる．ドメインが単一であれば，それを同定する必要はないが，ドメインが複数（マルチドメイン（multi-domain））の場合，どのドメインについてユーザが発話しているのかを同定しなければならない．

　例えば，観光案内システムであれば，ユーザの発話内容が観光施設に関することなのか，交通機関に関することなのか，あるいはレストランなどの飲食店に関することなのかが同定できなければ，正しく検索をすることができない．このため，“観光施設”“交通機関”“飲食店”などのドメインをあらかじめ用意しておき，例えば「江戸時代の城がみたいのですが」という発話内容に対して “観光施設” のドメインを対応させ，「二条城はどこにありますか」という発話内容に対して “交通機関” のドメインを対応させ，さらに「近くのおすすめのカフェを教えて」というユーザの発話内容に対して “飲食店” のドメインを対応させるという処理を行う．なお，実際には，ユーザの発話内容を分類して各ドメインを定義するという

より，検索対象となる各データベースを各ドメインに対応させることが多い．

　一方，対話が進むにつれて，ユーザの発話のドメインが変わることがある．観光案内システムに対して，ある観光施設について尋ねた後に，「ちなみに，その周辺でおすすめの飲食店はありますか」と続けて尋ねるケースなどがこれに該当する．このときには，ドメインを "観光施設" から "飲食店" に切りかえる必要があるが，ユーザはドメインの切りかえをあまり意識しないのが通常で，その区切りが明確でないことが多い．

## 4.1.2　意　図

　発話においてユーザが意図していることを意図（intent）という．すなわち，何かを探しているのか，何かについて問い合わせたいのかといったことである．上記の例でいえば，「二条城はどこにありますか」の意図は "質問"，「近くのおすすめのカフェを教えて」の意図は "検索" にあたる．各意図は，背後のシステムやAPI の機能に対応させることが多い．

## 4.1.3　スロット値

　タスクを実行するために必要な項目の値をスロット値（slot value）という[※1]．例えば，ドメインが "飲食店" で意図が "検索" の場合は，"店名" "場所" "ジャンル" "予算" "評判" などの事物の属性がスロットの候補としてあげられ，各スロットの具体的な値がスロット値となる．背後に RDB があるシステムでは，スロット値がデータベースの項目（フィールド）に対応することが多い．このため，スロット値の同定結果がそのまま SQL コマンドに変換されることもある．

## 4.1.4　その他の言語理解の出力

　「二条城の近くのおすすめのカフェを教えて」といった情報検索などのタスクにおいては固有表現（named entity）や格構造（case structure）などの情報が有用である．固有表現とは，固有名詞（人名，組織名，地名など），日付，時間，数量等に相当し，発話からこれらを抽出することを固有表現認識（named entry recognition）と呼ぶ．この固有表現の情報がスロット値として利用されることが多い．格構造とは，用言と格関係にある名詞（格要素（case filler））の対応を表し，文章中

---

　[※1] 項目自体のことをスロット（slot）と呼ぶ．

の単語間の関係性やフレーズを利用したドメイン・意図の理解に有用な情報である．これは格・構文解析や述語項構造解析によって得ることができる．例えば，「リビングのエアコンをつけて」という発話を解析すると，「エアコン」が「リビング」からノ格で，「つけて」が「エアコン」からヲ格で係り受けされているという情報を取得することができる．さらに，係り受けに対する関係性について意味的な役割を付与したものが**深層格**（deep case）[※2]であり，上記の例だと「リビング」と「エアコン」は場所および位置の関係性を表す場所格，「エアコン」と「つけて」は，動作が作用する対象との関係性を表す動作主格となる．いずれの場合も自然言語処理の分野で研究開発が行われてきたツール[※3]を用いることができる．

　これに対して，雑談などの非タスク指向対話では，**対話行為**（dialog act），**話題**（topic），**焦点語**（focus word）などの情報が有用である．対話行為とは，質問，回答，自己開示などの発話の種類を表すものである．非タスク指向対話で適切なシステム応答を生成するためには，そもそもユーザ発話が質問・回答・自己開示のどれに相当するのかを正しく理解する必要があるため，対話行為の認識が重要となる．話題とは，その時点で話している内容の種類を表すものである．対話の流れの一貫性を維持し，不自然な応対とならないようにするために重要である．例えば，スポーツ，音楽，映画などのクラスを話題としてあらかじめ規定しておき，ユーザの発話内容がどのクラスに該当するかを推定する．焦点語とは，個々の発話（またはターン）などにおいて，焦点となる単語（または短い単語列）を表すものである．これは，話題よりも細かい範囲を表し，例えば，スポーツの話題において「私はプロ野球では阪神が好きです」とユーザが発話した場合の焦点語は "阪神" となる．この例において，焦点語は "プロ野球" ではなく "阪神" であることを，正しく推定することで，それに対するシステム応答も "プロ

---

[※2] 深層格に対して，例であげた「ノ格」や「ヲ格」といったものは位置関係や格助詞などによって表層的に決まるものであるため**表層格**（surface case）と呼ばれる．

[※3] 例えば，固有表現認識には mecab-ipadic-NEologd
　　　https://github.com/neologd/mecab-ipadic-neologd　　（2022 年 9 月確認）
　　　や GiNZA
　　　https://megagonlabs.github.io/ginza/　　（2022 年 9 月確認）
　　　がある．また，格・構文解析のツールには日本語構文・格・照応解析システム KNP
　　　https://nlp.ist.i.kyoto-u.ac.jp/?KNP　　（2022 年 9 月確認）
　　　がある．

野球" ではなく "阪神" に焦点を当てたものにするべきということがわかる．また，焦点語はその後の話題になることが多く，上記の例では，話題がプロ野球から阪神に限定されていき，話題そのものを "阪神" に変えたほうが適切となるが，このためには "プロ野球" の話題の下に "阪神" "巨人" "オリックス" などの副話題（sub topic）が位置するような階層的な構造として話題を定義しておく必要がある．

# 4.2

# ルールベース

　言語理解を実現する最も単純な方法はルールベース（rule base）である．ルールベースによる方法は，人間の言語理解のノウハウや知識，手順をルール化したものであり，開発者にとって直観的に理解・管理しやすいため，従来の小規模な音声対話システムでよく利用されてきた．ただし，音声対話システムが大規模になればなるほど，意図やスロットの種類が増大し，またユーザ発話が多様化するため，ルールの管理が難しくなる．

## 4.2.1　意味文法

　意味文法（semantic grammar）とは，文や文の一部を単位として，その意味表現を書換え規則などで記述したものである．すなわち，発話のパターンについて，図 **4.3** のようなネットワーク形式で記述する．音声認識結果に対して，このネットワークを再帰的にあてはめる（parsing, パージング）ことで，ユーザの発話内容の意図やスロット値を同定する．図 4.3 では，例えば，「東京までの新幹線」「新大阪からの新幹線」「京都から東京までの新幹線」という発話に対して，列車検索の意図と必要な駅名をそれぞれ同定することができる．

## 4.2.2　有限状態トランスデューサ

　意味文法を記述する方法の 1 つに有限状態トランスデューサ（finite state trans-

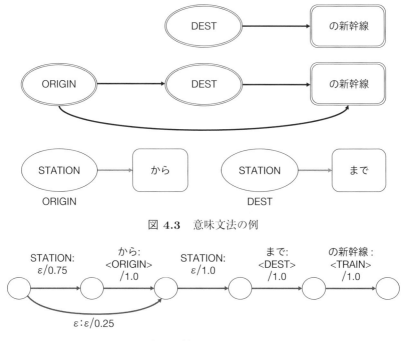

図 **4.3**　意味文法の例

STATION:
$\varepsilon$/0.75　　　から:
　　　　　　　<ORIGIN>
　　　　　　　/1.0　　　STATION:
　　　　　　　　　　　$\varepsilon$/1.0　　　まで:
　　　　　　　　　　　　　　<DEST>
　　　　　　　　　　　　　　/1.0　　　の新幹線:
　　　　　　　　　　　　　　　　　<TRAIN>
　　　　　　　　　　　　　　　　　/1.0

$\varepsilon$:$\varepsilon$/0.25

図 **4.4**　有限状態トランスデューサの例
（入力：出力／重み（確率））

ducer; **FST**）がある．これは有限状態オートマトン[※4]の状態遷移に出力を付与したものであり，入力系列から出力表現への対応を直接的にネットワークで記述したものとみなすことができる．図 **4.4** に FST の例を示す．FST は文や意味表現ごとに記述され，再帰的に呼び出される．また，FST は音声認識で用いられる $N$–gram モデルを含む言語モデル自体を記述するのにも用いられるように，音声認識結果の単語グラフと照合しやすいという特長をもつ．さらに，意味理解・タスク遂行に寄与しない単語は $\varepsilon$ に変換することで，頑健性を実現している．各単語遷移に重みを付与することで，$N$–gram などの確率統計的な枠組（weighted FST; **WFST**）にも拡張されている．

[※4] 有限状態オートマトン（FSA）とは，有限個の状態とそれらの間の遷移を記述したものである（詳しくは 5.4.1 項参照）．

<[DEST], [TRAIN]>
<[ORIGIN], [DEST], [TRAIN]>

(a) 意味フレーム

| | |
|---|---|
| [ORIGIN] | 東京から |
| [ORIGIN] | 京都から |
| [ORIGIN] | 新大阪から |
| [DEST] | 東京まで |
| [DEST] | 京都まで |
| [DEST] | 新大阪まで |
| [TRAIN] | 新幹線 |

(b) 各要素の定義

図 **4.5** 意味フレーム
(新幹線を検索する発話の意味フレーム)

### 4.2.3 意味フレーム

意味フレーム (semantic frame) は，意味文法や FST が発話の**統語構造** (syntactic structure，単語やスロットの出現順序など) の一部を規定しているのに対して，まったく規定しない方法である．図 **4.5** (a) の例では，列車のドメインにおける意味フレームを，“DEST” (目的地) と “TRAIN”，またはそれらに “ORIGIN” (出発地) を加えたものとして定義している．また，上記の各要素について，図 4.5 (b) のように，名詞，または名詞と格助詞 (「が」や「は」など) の組合せごとにより，その意味が記述されている．そして，「東京駅から」と「新大阪まで」という名詞と格助詞の組合せのそれぞれに対して，ORIGIN (出発地) と DEST (目的地) という意味をそれぞれ付与しているが，これによって，ユーザの「次の東京から新大阪までの新幹線は？」という発話内容に対して，出発地が東京で，目的地が新大阪の新幹線を探しているとシステムは認識することができる．このような意味フレームをいくつも用意しておけば，音声認識の結果に対して，部分的にマッチするものを複数探索することで，適切な出力を得ることができる．

## 4.3 統計的識別モデル

前節で述べたルールベースによる方法は，特に単純なタスク指向対話においては十分有用であるが，最近は以後に説明する機械学習にもとづく方法が採られることが多い．システムが大規模，あるいは対象とするタスクが複雑になればなる

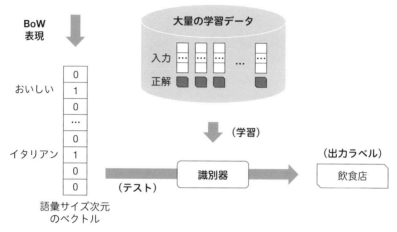

図 4.6　ドメイン分類の例
（意図分類も同様のしくみで行われる）

ほど，その性能および管理のしやすさが優位になってくる．

### 4.3.1　SVM／ロジスティック回帰によるドメイン・意図分類

　ドメインと意図の同定は，多クラス分類問題（multi-class classification problem）として定式化することができる（図 4.6）．ここで，入力はユーザ発話の単語列，出力はドメインまたは意図のクラスとなる．

　入力特徴量の表現方法としては，各単語の出現回数を要素にもつ語彙サイズ次元のベクトルである BoW（Bag-of-Words）がよく用いられる．この場合，1 つのユーザ発話に対して，1 つのベクトルが得られる．また，単語の表層形だけでなく，それらの品詞や係り受けの情報などが特徴量に加えられることもある．識別器には，SVM（support vector machine; サポートベクトルマシン）やロジスティック回帰（logistic regression）が用いられる．

### 4.3.2　CRF によるスロット値抽出

　一方，スロット値抽出は，系列ラベリング問題（sequence labeling problem）として定式化される（図 4.7）．ここで，入力はユーザ発話の単語系列となる．すなわち，ドメイン・意図分類では BoW を用いることができるのに対して，スロット

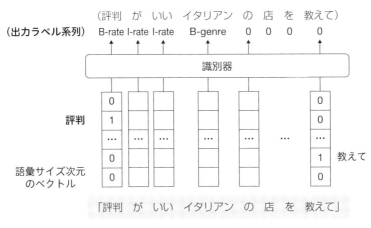

図 **4.7** スロット値抽出の例

値抽出では単語の並び（系列）を維持したまま扱う必要がある．したがって，1つ
のユーザ発話から1つのベクトルを得るのではなく，各単語を1つのベクトルと
する．ベクトルの表現方法としては，語彙サイズ次元のベクトル，つまり，その
単語が対応する要素が1で，それ以外が0の**one-hot 表現**（one-hot encoding）
が最も簡便である．

　出力の形式でよく用いられるのは図 4.7 上部に示す **BIO ラベル**（BIO tag）で
ある．BIO ラベルでは，対象とするスロットの種類ごとにBとIのラベルを用意
して，各単語にB，I，Oのラベルを付与する．Bはスロット値の開始点，Iはそ
の内部，Oはスロット値ではない単語を表す．例えば，地名を表すスロットの場
合，"B-place" と "I-place" のラベルを用意しておき，単語列のうち，どの部分が
スロット値であるかを表現する．また，識別器には系列ラベリング問題を扱うこ
とができる**条件付き確率場**（conditional random field; **CRF**）が主に用いられる．

# 4.4

# ニューラル識別モデル

　統計的識別モデルは，学習に用いるデータセットが比較的小規模の場合でも頑

健に動作することが利点であった．最近は実利用される音声対話システムが増えたこともあり，データセットの収集およびアノテーション（annotation，情報付与）の効率性が向上し，それにともない，大規模なデータセットを用いてニューラルネットワークを学習することが可能になっている．

### 4.4.1 RNN ／トランスフォーマによるドメイン・意図分類

ドメインや意図分類では，図 **4.8** のような RNN を用いることができる．ここで，入力には単語の分散表現をベクトルの系列としてそのまま入力することが多い[※5]．分散表現（word embedding）とは，単語を（one-hot 表現ではない）ベクトルとして表現し，そのベクトル空間において，意味的に近い単語のベクトルは距離が近くなるように事前に学習したものである．

図 4.8 の例では，最後の入力に対応する RNN の出力を全結合層へ入力し，ドメインや意図の種類を表す確率値を出力している．さらに，単純な RNN ではなく，LSTM，GRU（gated recurrent unit，ゲート付き回帰型ユニット）などを用いることもできる．また，ニューラルネットワークの再帰の方向を順方向から双方向（bi-directional）にすれば，ある単語を処理する際に，その単語以前の単語だけではなく，以後（未来）の単語も考慮することができる．

このほか，BERT[1] などのトランスフォーマをベースとした大規模事前学習モデルをファインチューニング（fine-tuning）するアプローチも有効である[2]．音声対話システムの研究開発において，目的としている対話は個々のシステムによっ

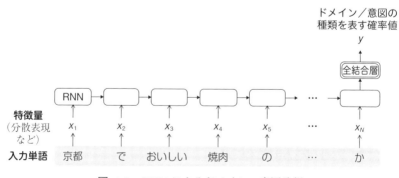

図 **4.8** RNN によるドメイン・意図分類

[※5] 別のアプローチとして，単語の one-hot ベクトル表現を用い，さらに RNN の入力層の前に線形層を追加することで，分散表現自体も同時に学習することもある．

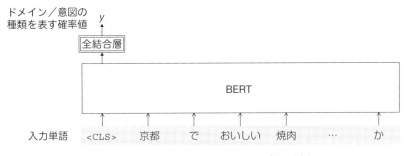

図 **4.9** BERT によるドメイン・意図分類

て異なるため，大規模な学習データセットを構築するのは容易ではない．そこで，BERT のような大規模事前学習モデルを用いることで，ファインチューニング用の学習データセットが小規模であっても，事前学習によって獲得された情報[※6]を活用して，目的とする言語理解のモデルを効率的に得ることができる．具体的には，BERT を用いたドメイン・意図分類では，図 **4.9** のように，先頭に特殊なトークン（<CLS>）を入力し，それに対応する BERT の出力層に対して線形層を追加し，ドメインや意図の種類の確率値を出力するようにファインチューニングする．

### 4.4.2 RNN エンコーダ–デコーダ／トランスフォーマによるスロット値抽出

スロット値抽出においてもドメイン・意図分類と同様に RNN を適用することができる．前述のとおり，スロット値抽出は入力単語列から BIO ラベルへの系列変換であるため，seq-to-seq 型の RNN が用いられる[3, 4]．つまり，図 **4.10** のように，各単語が入力されるたびに BIO のラベルを出力するようにする．しかし，BIO ラベルには "B の次は I" や "O の次は O または B" といった制約があるため，出力したラベルの情報を次のラベルの出力時に使用することが望ましい．そこで，図 **4.11** のようなエンコーダ–デコーダ型（encoder–decoder model）の RNN が提案されている[5]．このモデルでは，エンコーダ（encoder，符号化器）の双方向 RNN によって入力の各単語をベクトル表現へ変換し，これをもとにデコーダ（decoder，復号化器）によって BIO のラベルを出力するというものである．このときデコーダの RNN には 1 つ前に出力したラベルの情報を入力として加えるこ

........................................

[※6] 例えば，日本語の文法的な構造に関する情報など．

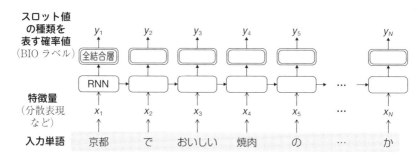

図 4.10 seq-to-seq 型 RNN によるスロット値抽出

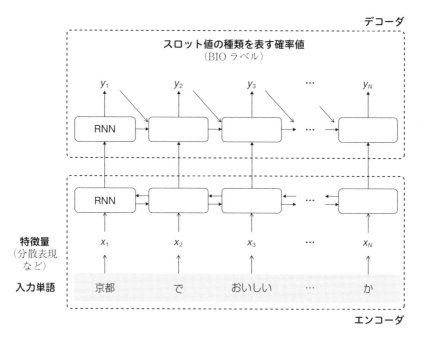

図 4.11 エンコーダ–デコーダ型の RNN によるスロット値抽出

とで上記の BIO ラベルの制約を考慮している.

これ以外に，RNN の出力をそのまま CRF へ入力する RNN–CRF もあり，学習データ量が少ない場合には有効である[6]．さらに，BERT を適用することもでき，<CLS> トークンに対応する出力をドメイン・意図分類に対応させると同時に，図 4.12 のように各単語に対応する出力として，BIO ラベルを直接出力するようなファインチューニング手法（fine-tuning method）が提案されている[2]．そ

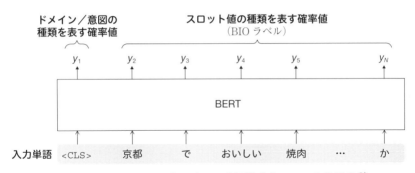

図 **4.12** BERT によるドメイン・意図推定とスロット値抽出 [2)]

のほか，BERT をエンコーダ–デコーダ型のエンコーダとしてのみ使用する方法も
考えられている．

### 4.4.3 ニューラルネットワークによる言語理解タスクの拡張

ニューラル識別モデルによる言語理解は，上記のとおり，有力かつ発展性に富ん
でおり，さまざまな拡張・展開が試みられている．例えば，データ量が十分な別
のドメインのデータで学習したモデルを，対象とする学習データ量が限られる
ドメインのデータで適応学習するドメイン適応（domain adaptation）が試みら
れている [7)]．また，関連のある複数のタスクを同時に学習するマルチタスク学習
（multi-task learning）も試みられている．言語理解のタスクのほかに，形態素解
析，構文解析，いいよどみ検出，固有表現認識などがマルチタスクとして学習され
ている [8)]．さらに，複数の言語理解モジュールを統合して，単語を連結するチャン
キング（chunking），ドメイン分類，意図分類，スロット値抽出のすべてを同時に
行うことも試みられている [9, 10)]．このほか，ユーザ発話中のどこに注目するかを
推定しながら分類・抽出を行う注意機構（attention mechanism）の導入 [10)] や，現
在の発話だけでなく対話中の過去の発話に関する情報（context，文脈）も含めて
意図分類を行うモデルも提案されている [11)]．最近は音声認識と言語理解を 1 つ
のニューラルネットワークで統合した **end-to-end** モデルも盛んに研究されてお
り [12, 13)]，音声認識誤りへの頑健性の向上が期待される．

## 4.5

# 言語理解モデルのベンチマークデータセット

　言語理解モデルの学習においてよく用いられている代表的なベンチマークデータセット（コーパス）を紹介する．従来，最も頻繁に用いられてきたのは **ATIS** データセット（Airline Travel Information Systems dataset）[14] である．これは，米国国防高等研究計画局（Defense Advanced Research Projects Agency; DARPA）のプロジェクトにおいて，米国内の主要な研究機関によって開発されたものであり，対象のドメインは米国内におけるフライト情報の案内である．ATIS では，ユーザの自由な発話をもとに，音声対話システムが回答できるもの／できないものを分類して，データセットとして学習用に 4478 発話，検証用[*7]に 500 発話，テスト用に 893 発話をそれぞれ用意している．また，意図とスロット値のアノテーションも行われており（表 **4.1**），意図ラベルとして 21 種類，スロットとして 120 種類が用意されている．ATIS データセットは，音声対話システムの初期の研究を支えただけでなく，現在でも多くの研究で用いられている．

　比較的最近構築されたデータセットの中で，代表的なものは **SNIPS** [15] である．SNIPS はスマートフォンの音声アシスタントやスマートスピーカでの発話を想定して，意図に "天気を尋ねる" や "音楽をかける" などの 7 種類を用意している．スロットは 72 種類である．また，データセットとして，学習用に 13 084 発話，検証用に 700 発話，テスト用に 700 発話がそれぞれ用意されている．

　ただし，上記のデータセットはあくまで言語理解モデルにおいて，ベンチマーク（基準）として用いることを想定したものである．実用にあたっては，目的と

表 **4.1**　ATIS データセットにおけるスロット値と意図のアノテーションの例

| ユーザ発話 | economy | class | fares | from | los | angeles | to | denver |
|---|---|---|---|---|---|---|---|---|
| スロット値 | B-class_type | I-class_type | O | O | B-fromloc | I-fromloc | O | B-toloc |
| 意図 | airfare | | | | | | | |

---

[*7] 学習したモデルの性能を検証するためのデータセット．主に，モデル学習時のパラメータを決定するために用いられる．テスト用とは別に用意することで，評価の頑健性を担保する．

する個々の対話タスクやドメインに応じて，学習データを自ら用意する必要がある．また，日本語の言語理解のデータセットに関しては，ベンチマークとして利用できるものがいまだ存在しない．したがって，研究開発においても対象とするドメインに関するデータを収集し，正解ラベルのアノテーションをする必要があるが，ATIS や SNIPS のアプローチを踏襲することは可能であろう．

## Hands-on 言語理解の実装

　本章で説明した言語理解について，ルールベースと統計的識別モデルの 2 つを実装してみよう．具体的には，ルールベースでは文法とフレームを扱う．また，統計的識別モデルでは，ドメイン分類を SVM とロジスティック回帰で，スロット値抽出を CRF でそれぞれ実装する．

## 1.　事前準備
### 必要な Python パッケージのインストール
　コマンドプロンプトを開き，以下を入力して，scikit-learn と sklearn-crfsuite をインストールする．これらは機械学習を行うために必要である[8]．

```
> conda install -c intel scikit-learn
```

```
> conda install -c conda-forge sklearn-crfsuite
```

また，単語の分散表現（word2vec）を使用するための gensim もインストールする[9]．

```
> conda install -c conda-forge gensim
```

### MeCab のインストール
　次に，日本語の単語分割（単語の分かち書き）を行うために，形態素解析エンジンの MeCab をセットアップする．ただし，MeCab の公式サイト

　　　https://taku910.github.io/mecab/　　（2022 年 9 月確認）

....................................
[8] pip を用いる場合は，それぞれ「> pip install scikit-learn」「> pip install sklearn-crfsuite」とする．
[9] pip を用いる場合は，「> pip install gensim」とする．

には，Windows 用は 32 bit 版しかないが，有志がビルド済みの 64 bit 版を配布している．この配布サイトは

　　https://github.com/ikegami-yukino/mecab/releases/tag/v0.996

　　（2022 年 9 月確認）

にある．また，インストール方法については「MeCab Windows 64 bit インストール」などと検索してほしい．ただし，セットアップ時に，文字コードを「UTF-8」に設定し，インストールした実行ファイルがあるディレクトリ[10]を環境変数 Path へ追加することに注意してほしい．

　最後に，Python で MeCab を使用するために，Python パッケージの mecab をインストールする[11],[12]．

```
> conda install -c conda-forge mecab
```

　ここまでで，コマンドプロンプトで Python を起動[13]し，以下のような出力を得ることができれば，無事インストール完了である．

```
>>> import MeCab
>>> m = MeCab.Tagger()
>>> r = m.parse('今日の京都の天気は晴れです')
>>> print(r)
今日    名詞,副詞可能,*,*,*,*,今日,キョウ,キョー
の      助詞,連体化,*,*,*,*,の,ノ,ノ
京都    名詞,固有名詞,地域,一般,*,*,京都,キョウト,キョート
の      助詞,連体化,*,*,*,*,の,ノ,ノ
天気    名詞,一般,*,*,*,*,天気,テンキ,テンキ
は      助詞,係助詞,*,*,*,*,は,ハ,ワ
晴れ    名詞,一般,*,*,*,*,晴れ,ハレ,ハレ
です    助動詞,*,*,*,*,特殊・デス,基本形,です,デス,デス
```

----

[10] 例えば「C:\ProgramFiles\Mecab\bin」．

[11] インストール時にエラーが発生する場合
　　　https://visualstudio.microsoft.com/ja/vs/ 　（2022 年 9 月確認）
　　から入手できる Visual Studio Community 2019 をインストールしてから，再度実行するとうまくいくことがある．このときは，「C++によるデスクトップ開発」を選択する必要がある．

[12] pip を用いる場合は，「> pip install mecab」とする．

[13] コマンドプロンプト上で「python」と入力すると，Python が対話モードで起動される．その後は，「>>>」の後に 1 行ずつコマンドを入力すると，それらが順次実行される．

EOS

## 学習済み word2vec ファイルのダウンロード

統計的識別モデルでは，単語の特徴量として分散表現を用いる．**word2vec** は分散表現の学習方法の１つである．以下では学習済みのモデルを使用する．日本語 Wikipedia エンティティベクトルのサイト

http://www.cl.ecei.tohoku.ac.jp/~m-suzuki/jawiki_vector/

（2022 年 9 月確認）

から学習済みモデル（entity_vector.model.bin）を取得する[14]．

## 2. ルールベース：意味文法の実装

ルールベースの意味文法を記述する．Python では，意味文法は正規表現[15]を用いて実装することができる．以下で使用するサンプルソースコードを示す．ただし，これらには後述の意味フレームによる実装も含まれている．

・slu_rule.ipynb（Jupyter Notebook 形式）
・slu_rule.py（クラス形式）

飲食店検索と営業時間案内の文法を記述してみよう．例えば，以下のような発話を想定する．

京都のおいしいラーメンを教えてください
今出川の近くでイタリアンはありますか
味亭の営業時間を教えて
割烹 井上は何時から開いていますか
近くにおいしいそば屋はありますか
2000 円以下で

このために必要なライブラリを読み込む．

```
1   # 必要なライブラリを読み込む
2
```

[14] 分散表現の学習済みモデルについては，さまざまなものが配布されているので，日本語 Wikipedia エンティティベクトル以外のものを用いることもできる．ただし，単語分割の方法（今回は MeCab，およびそのデフォルト辞書）は，モデル学習時と学習済みモデルの使用時でそろえる必要があることに注意してほしい．

[15] 正規表現の詳細な解説は，例えば，「正規表現　入門」などと検索してほしい．

```
3   import re
```

次に，具体的に文法を定義する．まず，文法中に登場する単語のうち，共通するもの
を要素としてまとめて定義する．なお，正規表現では，「または」に相当する OR 条件を
「(要素 A|要素 B)」として表現することができる．

```
1   # 文法を定義する
2
3   # 要素の列挙
4   place = '(京都|今出川)'
5   genre = '(ラーメン|イタリアン|そば屋|そば)'
6   tellme = '(教えてください|教えて|教えてほしい)'
7   near = '(近く|辺り)'
8   there = '(ありますか|ありませんか)'
9   name = '(味亭|割烹 井上)'
10
11  time_open = '営業時間'
12  time_from = '何時から'
13  time_until = '何時まで'
14  time_from_until = '(' + time_from + '|' + time_until + ')'
```

定義した要素を用いて文法を定義する．

```
1   # 文法 1 (飲食店検索)
2   grammar1_1 = place + 'の (おいしい|美味しい)' + genre + 'を' + tellme
3   grammar1_2 = place + 'の' + near + 'で' + genre + 'は' + there
4   grammar1_3 = near + 'に (おいしい|美味しい)' + genre + 'は' + there
5
6   # 文法 2 (営業時間検索)
7   grammar2_1 = name + 'の' + time_open + 'を' + tellme
8   grammar2_2 = name + 'は' + time_from_until + '(ですか|開いていますか)'
```

定義した文法を Python のリスト形式としてまとめ，さらにそれぞれの文法に対応す
る意図も定義する．

```
1   # 文法を定義する
2
3   # 要素の列挙
4   place = '(京都|今出川)'
5   genre = '(ラーメン|イタリアン|そば屋|そば)'
6   tellme = '(教えてください|教えて|教えてほしい)'
```

```
7   near = ’(近く|辺り)’
8   there = ’(ありますか|ありませんか)’
9   name = ’(味亭|割烹 井上)’
10
11  time_open = ’営業時間’
12  time_from = ’何時から’
13  time_until = ’何時まで’
14  time_from_until = ’(’ + time_from + ’|’ + time_until + ’)’
15
16  # 文法 1（飲食店検索）
17  grammar1_1 = place + ’の (おいしい|美味しい)’ + genre + ’を’ + tellme
18  grammar1_2 = place + ’の’ + near + ’で’ + genre + ’は’ + there
19  grammar1_3 = near + ’に (おいしい|美味しい)’ + genre + ’は’ + there
20
21  # 文法 2（営業時間検索）
22  grammar2_1 = name + ’の’ + time_open + ’を’ + tellme
23  grammar2_2 = name + ’は’ + time_from_until + ’(ですか|開いていますか)’
24
25  # ユーザの意図と対応させる
26  grammars = [
27      [’find’, grammar1_1],
28      [’find’, grammar1_2],
29      [’find’, grammar1_3],
30      [’time’, grammar2_1],
31      [’time’, grammar2_2]
32  ]
```

　続いて，入力されるユーザ発話に対して各文法がマッチするかを判定する機能を実装する．ここでは正規文法を扱う re モジュールの中の match メソッドを使用する．

```
1   # 変数dataが入力されるユーザ発話とする
2   print(’入力：’ + data)
3
4   matched = False
5
6   # 文法ごとにチェック
7   for grammar in grammars:
8
9       # 入力文が文法に完全マッチするかチェック
10      result = re.match(grammar[1], data)
11
```

```
12      # 文法にマッチした場合
13      if result is not None:
14
15          # 意図とマッチした文法を取得
16          intent = grammar[0]
17          grammer_matched = grammar[1]
18          print('マッチ:␣' + intent + ':␣' + grammer_matched)
19          matched = True
20
21  if matched == False:
22      print('マッチなし')
```

以上の機能を用いた実行例を示す.

入力：京都のおいしいラーメンを教えてください
マッチ: find: (京都|今出川)の (おいしい|美味しい)(ラーメン|イタリアン|そば屋|そば)を (教えてください|教えて|教えてほしい)

入力：今出川の近くでイタリアンはありますか
マッチ: find: (京都|今出川)の (近く|辺り)で (ラーメン|イタリアン|そば屋|そば)は (ありますか|ありませんか)

入力：味亭の営業時間を教えて
マッチ: time: (味亭|割烹 井上)の営業時間を (教えてください|教えて|教えてほしい)

入力：割烹 井上は何時から開いていますか
マッチ: time: (味亭|割烹 井上)は (何時から|何時まで)(ですか|開いていますか)

入力：近くにおいしいそば屋はありますか
マッチなし


入力：2000円以下で
マッチなし

　最後の2つについては，マッチする文法が定義されていないため「マッチなし」となっている．できれば，読者自ら対応する文法を書いてみてほしい．
　次に，文法にマッチした場合に，その文法に含まれる要素（スロット値）を抽出する．まず文法ごとに，スロット名とそれに対応する要素の正規表現をリストで整理する．ここでは最初に OR 条件で定義した要素を活用する．

```
1   # 抜き出す要素を定義
2   grammar_extract = {
3
4       # 文法 1
5       'find': [
6           ['place', place],
7           ['genre', genre],
8       ],
9
10      # 文法 2
11      'time': [
12          ['name', name],
13          ['open', time_open],
14          ['from', time_from],
15          ['until', time_until],
16      ]
17  }
```

そして，先ほどの文法にマッチするか否かを判定するソースコードに対して，下記の17〜30行目の処理を加えることで，要素（スロット値）の抽出を試みる．

```
1   # 変数dataが入力されるユーザ発話とする
2   print('入力：' + data)
3
4   matched = False
5
6   # 文法ごとにチェック
7   for grammar in grammars:
8
9       # 入力文が文法に完全マッチするかチェック
10      result = re.match(grammar[1], data)
11
12      # 文法にマッチした場合
13      if result is not None:
14
15          matched = True
16
17          # 文法にマッチしたら要素を抜き出す
18          intent = grammar[0]
19          for extract_pattern in grammar_extract[intent]:
```

```
20
21              slot_name = extract_pattern[0]
22              rule = extract_pattern[1]
23
24              # 要素抽出を試みる
25              result = re.findall(extract_pattern[1], data)
26              if len(result) >= 1:
27                  slot_value = result[0]
28
29                  # 意図名, スロット名, スロット値を表示
30                  print(intent + '␣:␣' + slot_name + '␣:␣' + slot_value)
31
32  if matched == False:
33      print('マッチなし')
```

これを実行すると次のような出力が得られる.

```
入力:京都のおいしいラーメンを教えてください
find : place : 京都
find : genre : ラーメン

入力:今出川の近くでイタリアンはありますか
find : place : 今出川
find : genre : イタリアン

入力:味亭の営業時間を教えて
time : name : 味亭
time : open : 営業時間

入力:割烹 井上は何時から開いていますか
time : name : 割烹 井上
time : from : 何時から

入力:近くにおいしいそば屋はありますか
マッチなし

入力:2000円以下で
マッチなし
```

## 3. ルールベース：意味フレームの実装

　上記の意味文法を用いる方法では，定義した文法にマッチするユーザ発話のみしか受理することができない．対して，発話の統語構造をまったく規定しない意味フレームを用いた方法を実装してみよう．上記と同様に，正規表現を使用する．また，簡単な例とするため，ユーザの意図は考慮（推定）せずに意味フレームのマッチングを行うものとする．以下で使用するサンプルソースコードを示す．ただし，これらには前述の文法による実装も含まれている．

　・slu_rule.ipynb（Jupyter Notebook 形式）
　・slu_rule.py（クラス形式）

はじめに，正規表現を用いて意味フレームを列挙する．

```
1  # 意味フレームの列挙
2  place = '(京都|今出川)'
3  genre = '(ラーメン|イタリアン|そば)'
4  name = '(味亭|割烹 井上)'
5  time_open = '営業時間'
6  time_from = '何時から'
7  time_until = '何時まで'
8  budget = '(1000|2000|3000)円'
```

次に，各意味フレームに対応するスロット名を記述する．

```
1  # 各フレームの意味(スロット名)と対応させる
2  # ここにユーザ意図の種類を記述しておくことも可能
3  frames = [
4      ['place', place],
5      ['genre', genre],
6      ['name', name],
7      ['time_open', time_open],
8      ['time_from', time_from],
9      ['time_until', time_until],
10     ['budget', budget]
11 ]
```

　続いて，入力ユーザ発話と各意味フレームをマッチングし，マッチすれば対応する要素（スロット値）を抽出するようにする．ただし，意味フレームがユーザ発話に部分的に含まれていればよい（完全一致である必要はない）としているため，re.match ではなく，部分一致を探索する re.search を用いる（10 行目）．

```
1    # 変数 data が入力されるユーザ発話とする
2    print('入力：' + data)
3
4    matched = False
5
6    # フレームごとにチェック
7    for frame in frames:
8
9        # フレームが入力文に部分マッチするかチェック
10       result = re.search(frame[1], data)
11
12       if result is not None:
13           meaning = frame[0]
14           frame_matched = frame[1]
15
16           # マッチした要素(スロット値)も取り出す
17           slot_value = result.group()
18
19           # フレーム名, スロット値を表示
20           print(meaning + '␣:␣' + slot_value)
21
22           matched = True
23
24   if matched == False:
25       print('マッチなし')
```

これを実行すると，次のような入出力例が得られる．

```
入力:京都のおいしいラーメンを教えてください
place ： 京都
genre ： ラーメン

入力:今出川の近くでイタリアンはありますか
place ： 今出川
genre ： イタリアン

入力:味亭の営業時間を教えて
name ： 味亭
time_open ： 営業時間
```

入力：割烹 井上は何時から開いていますか
name ： 割烹 井上
time_from ： 何時から

入力：近くにおいしいそば屋はありますか
genre ： そば

入力：2000 円以下で
budget ： 2000 円

このように，ルールベースでは，想定する対話およびユーザ発話をもとに，文法また
は意味フレームをあらかじめ記述しておく必要がある．したがって，システムの挙動が
把握（追跡）可能であるという利点はあるが，対話が複雑になるほどルールの管理が難
しくなることが欠点である．

## 4. 統計的識別モデル：学習データの準備

続いて，機械学習である統計的識別モデルによって言語理解を実装してみよう．あ
らかじめ用意されているサンプルデータを学習およびテストに用いることとする．飲食
店検索のデータは data/slu-restaurant-annotated.csv に，天気予報案内のデータは
data/slu-weather-annotated.csv にそれぞれ格納されている．これらは，飲食店検索
と天気予報案内の 2 つのドメインのそれぞれにおける，ユーザ発話，およびそのアノテー
ションのデータである．

サンプルデータの一部（飲食店検索）を以下に示す．

1,京大近くのうどん屋を教えて,京大/近く/の/うどん/屋/を/教え/て,B-place/I-place/
 O/B-genre/I-genre/O/O/O
2,四条付近に美味しい餃子屋さんはありますか,四条/付近/に/美味しい/餃子/屋/さん/
 は/あり/ます/か,B-place/I-place/O/B-rate/B-genre/I-genre/O/O/O/O
3,京都駅付近で牛丼屋はありますか,京都/駅/付近/で/牛/丼/屋/は/あり/ます/か,B-
 place/I-place/I-place/O/B-genre/I-genre/I-genre/O/O/O/O
4,三条のカレー屋を探しています,三条/の/カレー/屋/を/探し/て/い/ます,B-place/O/B
 -genre/I-genre/O/O/O/O/O
5,金閣寺の近くにラーメン屋はありますか,金閣寺/の/近く/に/ラーメン/屋/は/あり/ま
 す/か,B-place/I-place/I-place/O/B-genre/I-genre/O/O/O/O/O
6,京都駅のハンバーガ,京都/駅/の/ハンバーガ,B-place/I-place/O/B-genre
7,三条駅近くのお寿司屋さん,三条/駅/近く/の/お/寿司/屋/さん,B-place/I-place/I-
 place/O/B-genre/I-genre/I-genre/I-genre
8,銀閣寺の近くの高級料亭の場所を検索して,銀閣寺/の/近く/の/高級/料亭/の/場所/を/
 検索/し/て,B-place/I-place/I-place/O/B-genre/I-genre/O/O/O/O/O/O

9,京都御所まわりで定食屋に行きたい,京都/御所/まわり/で/定食/屋/に/行き/たい,B-place/I-place/I-place/O/B-genre/I-genre/O/O/O

10,清水寺周辺でステーキ屋を探したいな,清水寺/周辺/で/ステーキ/屋/を/探し/たい/な,B-place/I-place/O/B-genre/I-genre/O/O/O/O

ユーザ発話ごとに改行されており，データの種類ごとにカンマで区切られている．カンマで区切られている順に，データ番号（行番号），ユーザ発話の元テキスト，MeCab を用いて単語単位に区切られたユーザ発話，区切られた単語ごとに付与された BIO ラベルとなっている．また，BIO ラベルには，スロットの種類とその開始（B），継続（I），スロット値以外（O）の情報が付与されており，スロットの範囲と種類が表現されている．

ここで，飲食店検索におけるスロットの種類は 6 個で，それぞれの定義は以下のとおりである．

- ・B-budget, I-budget（予算）
- ・B-mood, I-mood（気分）
- ・B-place, I-place（場所 = 地域）
- ・B-genre, I-genre（ジャンル）
- ・B-style, I-style（スタイル）
- ・B-rate, I-rate（評価 = 美味しい など）

例えば，1 行目のデータの "京大 / 近く" は 2 単語で，"B-place" と "I-place" のタグが付与されているが，これは最初の「京大」がスロット値の開始位置，「近く」がこの前に開始した単語（この場合は「京大」）のスロット値が継続しており，それぞれ "場所" を表している．スロット値の終了単語も I タグで表すが，それ単体では終了位置かどうかはわからない．その次の単語が自身と異なる（B タグや O タグ）ことで，終了位置と判断できる．また，天気予報案内におけるスロットの種類は 7 個で，それぞれの定義は以下のとおりである．

- ・B-wh, I-wh（質問タイプ）
- ・B-place, I-place（場所）
- ・B-when, I-when（日付・時間）
- ・B-type, I-type（天気の種類 = 晴れ，雨など）
- ・B-temp, I-temp（気温）
- ・B-rain, I-rain（降水確率，降水量）
- ・B-wind, I-wind（風，風速）

## 5. 統計的識別モデル：ドメイン分類の実装

統計的識別モデルで，入力するユーザ発話が飲食店案内か天気予報のどちらのドメイン

なのかを分類してみよう．このとき，ユーザ発話の単語系列に対して，1つのラベル（ドメイン）を出力することになる．なお，特徴量については BoW と学習済み word2vec の2種類を試す．

一連の処理手順は以下のとおりである．

① データの読込み
② 学習データとテストデータに分割（今回は 7 対 3 の割合）
③ 入力データを特徴量に変換
④ 出力データをラベルに変換
⑤ 機械学習ライブラリを用いてモデルを学習
⑥ テストデータを用いて学習したモデルの性能を評価

以下で使用するサンプルソースコードを示す．ただし，クラス形式のソースコードには後述するスロット値抽出の実装も含まれている．

・slu_ml_domain.ipynb（Jupyter Notebook 形式）
・slu_ml.py（クラス形式）

## データの前処理

まず，必要なライブラリを読み込む．

```
1  # 必要なライブラリを読み込む
2
3  import numpy as np
4  import pickle
5
6  from sklearn import svm
7  from sklearn.linear_model import LogisticRegression
8  from sklearn.metrics import classification_report
9
10 from gensim.models import KeyedVectors
11
12 import MeCab
```

次に，データ読込みと前処理で必要になる変数を設定する．

```
1  # 変数の設定
2
3  NUM_TRAIN = 70      # 100個のデータのうち最初の70個を学習に利用
4  NUM_TEST = 30       # 100個のデータのうち残りの30個をテストに利用
5
```

```
6   LABEL_RESTAURANT = 0     # レストラン検索ドメインのラベル
7   LABEL_WEATHER = 1        # 天気案内ドメインのラベル
```

準備ができたので，データを読み込み，ドメインごとに学習データとテストデータに分割する．正解ラベルの情報を対応付けし，2つのドメインのデータを混ぜ合わせる．

```
1   # データを読み込む
2
3   # 飲食店データ
4   with open('./data/slu-restaurant-annotated.csv', 'r', encoding='utf-8')
        as f:
5       lines_restaurant = f.readlines()
6
7   with open('./data/slu-weather-annotated.csv', 'r', encoding='utf-8') as f
        :
8       lines_weather = f.readlines()
9
10  # 学習データとテストデータに分割(70 対 30)
11  # 注)本来は交差検証を行うことが望ましい
12  lines_restaurant_train = lines_restaurant[:NUM_TRAIN]
13  lines_restaurant_test = lines_restaurant[NUM_TRAIN:]
14  lines_weather_train = lines_weather[:NUM_TRAIN]
15  lines_weather_test = lines_weather[NUM_TRAIN:]
16
17  data_train = []
18  for line in lines_restaurant_train:
19
20      # すでに分割済みの単語系列を使用
21      d = line.strip().split(',')[2].split('/')
22
23      # 入力単語系列と正解ラベルのペアを格納
24      data_train.append([d, LABEL_RESTAURANT])
25
26  # 以下同様
27  for line in lines_weather_train:
28      d = line.strip().split(',')[2].split('/')
29      data_train.append([d, LABEL_WEATHER])
30
31  data_test = []
32  for line in lines_restaurant_test:
33      d = line.strip().split(',')[2].split('/')
```

```
34      data_test.append([d, LABEL_RESTAURANT])
35
36  for line in lines_weather_test:
37      d = line.strip().split(',')[2].split('/')
38      data_test.append([d, LABEL_WEATHER])
39
40  # 最初のデータだけ表示
41  print(data_train[0])
42  print(data_test[0])
```

最初のデータを表示した結果を示す.

```
[['京大', '近く', 'の', 'うどん', '屋', 'を', '教え', 'て'], 0]
[['から', '揚げ', 'が', 'おいしい', 'お', '店', 'を', '教え', 'て',
  'ください'], 0]
```

これに対して,学習データをもとに,BoW 表現を作成する.具体的には,Python の辞書（dictionary）を用いて語彙を列挙し,各単語にインデクス（固有の番号）を付与する.なお,学習データに含まれない単語がテストデータに出現したときに未知語（unknown word）としてまとめて扱うために,BoW 表現によって作成するベクトルの次元数は語彙数 +1 とする.

```
1  # bag-of-words 表現を作成する
2
3  # 学習データの単語を語彙(カバーする単語)とする
4  word_list = {}
5
6  for data in data_train:
7      for word in data[0]:
8          word_list[word] = 1
9
10  # 単語とそのインデクスを作成する
11  word_index = {}
12  for idx, word in enumerate(word_list.keys()):
13      word_index[word] = idx
14
15  print(word_index)
16
17  # ベクトルの次元数(未知語を扱うためにプラス 1)
18  vec_len = len(word_list.keys()) + 1
```

```
19  print(vec_len)
```

表示される単語とインデクスについて，以下のような出力が得られる．

```
{'京大': 0, '近く': 1, 'の': 2, 'うどん': 3, '屋': 4, 'を': 5,
 '教え': 6, (以降省略)
```

ここで，BoW 表現によって作成されるベクトルの次元数は 292 となる．つまり，この特徴量は 292 次元のベクトルであり，もし入力される発話に「京大」という単語があれば，そのベクトルの最初の次元（インデクスは 0）の要素が 1（または生起回数）となる．

次に，ユーザ発話の単語系列と，先ほど作成した BoW の語彙情報から，特徴量ベクトルを作成する関数を定義する．

```
1   # 単語の系列とbag-of-words 表現を作成するための情報を受け取り，ベクトルを返す
    関数を定義
2   # words ... 単語系列(list)
3   # vocab ... 語彙データ(dictionary)
4   # dim ... 特徴量ベクトルの次元
5   # pos_unk ... 未知語のインデクス(特徴量ベクトルにおいて対応する次元)
6   def make_bag_of_words(words, vocab, dim, pos_unk):
7
8       vec = [0] * dim
9       for w in words:
10
11          # 未知語
12          if w not in vocab:
13              vec[pos_unk] = 1
14
15          # 学習データに含まれる単語
16          else:
17              vec[vocab[w]] = 1
18
19      return vec
20
21  # 試しに変換してみる
22  feature_vec = make_bag_of_words(data_train[75][0], word_index, vec_len,
    vec_len)
23  print(data_train[75][0])
24  print(feature_vec)
```

これによって，データを変換した例を次に示す．

['明日', 'の', '夜', 'は', '晴れ', 'そう', 'です', 'か']
[0, 0, 1, 0, 0, 0, 0, 0, 0, 0, 0, 0, 0, 0, 1, 0, 0, 1, 0, 0, 0, 0, 0, 0, 0,
 0, 0, 0, 0, 0, 0, 0, 0, 0, 0, 0, 0, 0, 0, 0, 0, 0, 0, 0, 0, 0, 0, 0, 0, 0,
 0, 0, 0, 0, 0, 0, 0, 0, 0, 0, 0, 0, 0, 0, 0, 0, 0, 0, 0, 0, 0, 0, 0, 0, 0,
 0, 0, 0, 0, 0, 0, 0, 0, 0, 0, 0, 0, 0, 0, 0, 0, 0, 0, 0, 0, 0, 0, 0, 0, 0,
 0, 0, 0, 0, 0, 0, 0, 0, 0, 0, 0, 0, 0, 0, 0, 0, 0, 0, 0, 0, 0, 0, 0, 0, 0,
 0, 0, 0, 0, 0, 0, 0, 0, 0, 0, 0, 0, 0, 0, 0, 0, 0, 0, 0, 0, 0, 0, 0, 0, 0,
 0, 0, 0, 0, 0, 0, 0, 0, 0, 0, 0, 0, 0, 0, 0, 0, 0, 0, 0, 0, 0, 0, 0, 0, 0,
 0, 0, 0, 1, 0, 1, 1, 0, 0, 0, 0, 0, 1, 1, 0, 0, 0, 0, 0, 0, 0, 0, 0, 0, 0,
 0, 0, 0, 0, 0, 0, 0, 0, 0, 0, 0, 0, 0, 0, 0, 0, 0, 0, 0, 0, 0, 0, 0, 0, 0,
 0, 0, 0, 0, 0, 0, 0, 0, 0, 0, 0, 0, 0, 0, 0, 0, 0, 0, 0, 0, 0, 0, 0, 0, 0,
 0, 0, 0, 0, 0, 0, 0, 0, 0, 0, 0, 0, 0, 0, 0, 0, 0, 0, 0, 0, 0, 0, 0, 0, 0]

ここで，「明日」「の」「夜」などの単語に対応する次元が 1 になっている．

## モデルの学習

以上のデータと関数を用いて，各学習データを BoW 表現に変換する．

```
1  # 学習データをBoW 表現に変換する
2  data_train_bow = []
3  for data in data_train:
4      feature_vec = make_bag_of_words(data[0], word_index, vec_len, vec_len
        -1)
5      data_train_bow.append([feature_vec, data[1]])
```

ここで，統計的識別モデルとして SVM を用いてドメイン分類モデルを学習する．SVM には scikit-learn で実装されているものを用いる．そして，学習したモデルは data/slu-domain-svm.model として保存する．

```
1   # 入力と正解ラベルで別々のデータにする
2   train_x = [d[0] for d in data_train_bow]
3   train_y = [d[1] for d in data_train_bow]
4
5   # SVM による学習
6   # 注) 実際にはパラメータの調整が必要だが，今回は行わない
7   clf = svm.SVC()
8   clf.fit(train_x, train_y)
9
10  # 学習済みモデルを保存
11  filename = './data/slu-domain-svm.model'
```

```
12  pickle.dump(clf, open(filename, 'wb'))
```

## モデルの評価

次に，モデルを評価するために，学習データの場合と同様にしてテストデータを作成する．

```
1  # テストデータの作成
2  data_test_bow = []
3  for data in data_test:
4      feature_vec = make_bag_of_words(data[0], word_index, vec_len, vec_len
           -1)
5      data_test_bow.append([feature_vec, data[1]])
6
7  test_x = [d[0] for d in data_test_bow]
8  test_y = [d[1] for d in data_test_bow]
```

そして，学習したモデルを用いてテストデータを評価する．評価結果は scikit-learn に付属の classification_report を使用すると確認しやすい．

```
1  # テストデータでの評価
2  predict_y = clf.predict(test_x)
3
4  # 評価結果を表示
5  target_names = ['restaurant', 'weather']
6  print(classification_report(test_y, predict_y, target_names=target_names
       ))
```

実際の評価結果を以下に示す．

|              | precision | recall | f1-score | support |
|--------------|-----------|--------|----------|---------|
| restaurant   | 0.88      | 0.97   | 0.92     | 30      |
| weather      | 0.96      | 0.87   | 0.91     | 30      |
|              |           |        |          |         |
| accuracy     |           |        | 0.92     | 60      |
| macro avg    | 0.92      | 0.92   | 0.92     | 60      |
| weighted avg | 0.92      | 0.92   | 0.92     | 60      |

縦方向（各行）にラベルの種類（restaurant，weather）が並んでいる．また，横方向（各列）には，ラベルごとの適合率（precision），再現率（recall），これらの調和平均であ

る F1 スコア（f1-score），テストデータにおけるサンプル数（support）が並んでいる．
適合率と再現率について，**表 4.2** を用いて説明する．

表 **4.2**　分類モデルの出力と正解との関係
TP：True Positive，FP：False Positive
FN：False Negative，TN：True Negative

|  |  | 正解 | |
|---|---|---|---|
|  |  | 正 | 負 |
| 出力 | 正 | TP | FP |
|  | 負 | FN | TN |

　この表は分類モデルの出力と正解との関係性を表したものである．このうち，TP（True Positive）と TN（True Negative）は正解であり，FP（False Positive）と FN（False Negative）は不正解である．**適合率**（precision）は，対象となるラベルについて，モデルがそのラベルであると出力したうち，いくつ正解したかを表し，以下のように計算される．

$$\text{precision} = \frac{\#\text{TP}}{\#\text{TP} + \#\text{FP}} \tag{4.1}$$

ここで，$\#(\cdot)$ は $(\cdot)$ に対応する結果の数を表す．
　**再現率**（recall）は，テストデータに存在する対象ラベルのうち，いくつ正解したかを表し，以下のように計算される．

$$\text{recall} = \frac{\#\text{TP}}{\#\text{TP} + \#\text{FN}} \tag{4.2}$$

　適合率と再現率はどちらも重要な指標ではあるが，両者のバランスも重要であり，その意味でこれらの調和平均である **F1 スコア**（F1 score）も評価する必要がある．
　そのほか，classification_report で確認することができる別の指標として，正解率，マクロ平均，重み付き平均がある．**正解率**（accuracy）とは全テストデータのうち，何割のデータが正解データと一致したかを表す．**マクロ平均**（macro average）は各指標内での平均であり，ここでは precision，recall，f1-score の各指標において，restaurant と weather の平均を計算している　**重み付き平均**（weighted average）はサンプル数（support）で重み付けした平均であり，サンプル数が多いラベルほど重視すべきという考え方に則っている．ただし，ここでは restaurant と weather のテストデータのサンプル数は同じであるため，マクロ平均と重み付き平均は同じ値となっている．モデルの評価にあたっては，まずは全体の正解率と各ラベルの F1 スコアに注目するとよいだろう．

## ロジスティック回帰の利用

　続いて，SVM のかわりにロジスティック回帰を用いてみよう．ロジスティック回帰は
モデルの分布の形状が仮定されているため，少ないデータ数でも頑健に学習できること
が期待される．ロジスティック回帰も SVM 同様，scikit-learn に実装されているため，
上記のソースコードの一部を次のように書き換えるだけでよい．

```
1   # LogisticRegression による学習と評価
2   # 注)実際にはパラメータの調整が必要だが, 今回は行わない
3   clf_lr = LogisticRegression()
4   clf_lr.fit(train_x, train_y)
5
6   # 学習済みモデルを保存
7   filename = './data/slu-domain-lr.model'
8   pickle.dump(clf, open(filename, 'wb'))
9
10  # テストデータでの評価
11  predict_y = clf_lr.predict(test_x)
12
13  # 評価結果を表示
14  target_names = ['restaurant', 'weather']
15  print(classification_report(test_y, predict_y, target_names=target_names
       ))
```

　テストデータを用いた評価結果を示す．SVM と比べて，スコアが若干向上している
ことがわかる．

|  | precision | recall | f1-score | support |
|---|---|---|---|---|
| restaurant | 0.94 | 0.97 | 0.95 | 30 |
| weather | 0.97 | 0.93 | 0.95 | 30 |
| | | | | |
| accuracy | | | 0.95 | 60 |
| macro avg | 0.95 | 0.95 | 0.95 | 60 |
| weighted avg | 0.95 | 0.95 | 0.95 | 60 |

## 分散表現の利用

　続いて，分散表現である word2vec を特徴量として用いてみよう．分散表現の特長か
ら，word2vec を用いると BoW を用いたときよりも頑健になることが期待される．日本
語でもさまざまな学習済み word2vec モデルが配布されているが，ここでは前述の日本

語 Wikipedia エンティティベクトルを用いる.

はじめに，学習済み word2vec ファイルを読み込む（読込みに多少の時間を要する）．

```
1  # 学習済みWord2vecファイルを読み込む
2  model_filename = './data/entity_vector.model.bin'
3  model_w2v = KeyedVectors.load_word2vec_format(model_filename, binary=True
     )
4
5  # 単語ベクトルの次元数
6  print(model_w2v.vector_size)
```

すると，word2vec によって得られる単語ベクトルの次元数が 200 と表示される．

次に，ユーザ発話の単語系列と読み込んだ word2vec データを受け取り，その系列に関する特徴量を作成する関数を定義する．ここでは系列内の各単語の word2vec における平均を特徴量（文ベクトル（sentence vector））とすることにする．

```
1  # Word2vec で特徴量を作成する関数を定義
2  # ここでは文内の各単語のWord2vecを足し合わせたものを文ベクトルとして利用
     する
3  def make_sentence_vec_with_w2v(words, model_w2v):
4
5      sentence_vec = np.zeros(model_w2v.vector_size)
6      num_valid_word = 0
7      for w in words:
8          if w in model_w2v: #
               word2vec モデルに含まれていない単語は考慮しない
9              sentence_vec += model_w2v[w]
10             num_valid_word += 1
11
12     # 有効な単語数で割る
13     sentence_vec /= num_valid_word
14     return sentence_vec
15
16
17 # 試しに変換してみる
18 feature_vec = make_sentence_vec_with_w2v(data_train[0][0], model_w2v)
19 print(feature_vec)
```

データを変換した例を以下に示す．200 次元のベクトルになっていることがわかる．

```
[-0.77434402 -0.15547702  0.38850617 -1.45265855  0.50567805 -1.07454265
```

```
 0.70662174   1.82708089 -0.86861591 -0.57705     -0.35228045  0.38542001
-1.47540402 -0.17376012  1.24027113  0.5010112     0.92485247 -0.94757835
...
-0.2784544    0.6891725  -0.14123322  0.42449895 -1.30811401  1.03353618
-0.46723822   0.29650396 -0.19427148 -0.16922053 -1.1136057  -0.74197001
-0.32693417 -0.08168504]
```

　これらのデータと関数を用いて，ドメイン分類を行ってみよう．以降の手順はこれま
でと同様であり，特徴量を作成する際に呼び出す関数を make_sentence_vec_with_w2v と
するだけでよい．学習に対応するソースコードの部分を示す．

```
1   # Word2vec を用いて学習を行う
2
3   data_train_w2v = []
4   for data in data_train:
5       feature_vec = make_sentence_vec_with_w2v(data[0], model_w2v)
6       data_train_w2v.append([feature_vec, data[1]])
7
8   train_x = [d[0] for d in data_train_w2v]
9   train_y = [d[1] for d in data_train_w2v]
10
11  clf = svm.SVC()
12  clf.fit(train_x, train_y)
13
14  filename = './data/slu-domain-svm-word2vec.model'
15  pickle.dump(clf, open(filename, 'wb'))
```

　テストに対応するソースコードの部分を示す．

```
1   # テストデータでの評価
2
3   data_test_w2v = []
4   for data in data_test:
5       feature_vec = make_sentence_vec_with_w2v(data[0], model_w2v)
6       data_test_w2v.append([feature_vec, data[1]])
7
8   test_x = [d[0] for d in data_test_w2v]
9   test_y = [d[1] for d in data_test_w2v]
10
11  # テストデータでの評価
12  predict_y = clf.predict(test_x)
```

```
13
14   # 評価結果を表示
15   target_names = ['restaurant', 'weather']
16   print(classification_report(test_y, predict_y, target_names=target_names
     ))
```

以下のように，今度はすべてのテストデータを正しく分類できていることがわかる．

|              | precision | recall | f1-score | support |
|--------------|-----------|--------|----------|---------|
| restaurant   | 1.00      | 1.00   | 1.00     | 30      |
| weather      | 1.00      | 1.00   | 1.00     | 30      |
|              |           |        |          |         |
| accuracy     |           |        | 1.00     | 60      |
| macro avg    | 1.00      | 1.00   | 1.00     | 60      |
| weighted avg | 1.00      | 1.00   | 1.00     | 60      |

## 任意の入力データでのテスト

任意の入力データで，このモデルをテストしてみよう．入力されるユーザ発話に対して，MeCab を用いて単語分割を行い，特徴量を算出したうえで，ドメインを分類する．

```
1    # 任意のデータで試してみる
2
3    # 入力データ
4    test_input_list = [
5        '京都駅周辺で美味しいラーメン屋さんを教えて',
6        '横浜は晴れていますか',
7        '明日は台風が来ますか'
8    ]
9
10   # MeCab による分割と特徴量抽出
11   m = MeCab.Tagger ("-Owakati")
12   test x = []
13   for d in test_input_list:
14       words_input = m.parse(d).strip().split('␣')
15       feature_vec = make_sentence_vec_with_w2v(words_input, model_w2v)
16       test_x.append(feature_vec)
17
18   # ドメイン推定
19   predict_y = clf.predict(test_x)
```

```
20
21   for result, text in zip(predict_y, test_input_list):
22
23       print('Input:␣' + text)
24
25       if result == LABEL_RESTAURANT:
26           print('Estimated␣domain:␣Restaurant')
27       elif result == LABEL_WEATHER:
28           print('Estimated␣domain:␣Weather')
29
30       print()
```

すると，以下のような出力が得られる．ぜひ，さまざまなパターンの入力文で試して
みてほしい．

```
Input: 京都駅周辺で美味しいラーメン屋さんを教えて
Estimated domain: Restaurant

Input: 横浜は晴れていますか
Estimated domain: Weather

Input: 明日は台風が来ますか
Estimated domain: Weather
```

## 6. 統計的識別モデル：スロット値抽出の実装

統計的識別モデルで，各ドメインにおけるスロット値の抽出を実装してみよう．具体
的には，入力するユーザ発話の単語系列に対して，BIO ラベルを認識する．統計的識別
モデルとしては CRF を用いることとする．また，学習の手順はドメイン分類の場合と
同様とする．

以下で使用するサンプルソースコードを示す．ただし，クラス形式には前述のドメ
イン分類の実装も含まれている．

・slu_ml_slot.ipynb（Jupyter Notebook 形式）
・slu_ml.py（クラス形式）

## データの前処理

まず，必要なライブラリを読み込む．

```
1   # 必要なライブラリを読み込む
```

```
2
3    import re
4    import numpy as np
5    import pickle
6
7    import sklearn_crfsuite
8    from sklearn_crfsuite import scorers
9    from sklearn_crfsuite import metrics
10   from sklearn.metrics import classification_report
11
12   import MeCab
```

次に，学習用とテスト用のデータ数を設定する．今回はドメインごとにモデルを学習することになるため，それぞれに割り当てることができるデータ数が少なくなることから，学習データの比率を少しだけ増やす．

```
1    # 変数の設定
2
3    NUM_TRAIN = 80        # 100 個のデータのうち最初の 80 個を学習に利用
4    NUM_TEST = 20         # 100 個のデータのうち残りの 20 個をテストに利用
```

続いて，データを読み込む．USED_DATASET という変数で対象にするドメインを変更できる．これによって指定するドメインに対応するファイルを読み込み，正解ラベルの一覧を定義しておく．この正解ラベルの一覧はテストデータでの評価結果を集計する際に用いる．

```
1    # データを読み込む
2
3    # 使用するドメインを設定する
4    USED_DATASET = 1 # 0: 'restaurant', 1: 'weather'
5
6    if USED_DATASET == 0:
7        # 飲食店データ
8        with open('./data/slu-restaurant-annotated.csv', 'r', encoding='utf-8
         ') as f:
9            lines = f.readlines()
10
11       # 正解ラベルの一覧
12       LABELS = [
13           'B-budget', 'I-budget',
14           'B-mood', 'I-mood',
```

```
15          'B-loc', 'I-loc',
16          'B-genre', 'I-genre',
17          'B-style', 'I-style',
18          'B-rate', 'I-rate',
19          'O'
20      ]
21
22      SAVED_MODEL = './data/slu-slot-restaurant-crf.model'
23
24  elif USED_DATASET == 1:
25      # 天気案内
26      with open('./data/slu-weather-annotated.csv', 'r', encoding='utf-8')
          as f:
27          lines = f.readlines()
28
29      LABELS = [
30          'B-wh', 'I-wh',
31          'B-place', 'I-place',
32          'B-when', 'I-when',
33          'B-type', 'I-type',
34          'B-temp', 'I-temp',
35          'B-rain', 'I-rain',
36          'B-wind', 'I-wind',
37          'O'
38      ]
39
40      SAVED_MODEL = './data/slu-slot-weather-crf.model'
```

データを読み込んで，学習用とテスト用に分ける．単語またはラベルの系列はカンマ区切りで表現するため，カンマ単位で分割して，リスト形式にする．

```
1   # 学習とテストデータに分割(80 対 20)
2   # 注)本来は交差検証を行うことが望ましい
3   lines_train = lines[:NUM_TRAIN]
4   lines_test = lines[NUM_TRAIN:]
5
6   data_train = []
7   for line in lines_train:
8
9       # すでに分割済みの単語系列を使用
10      d = line.strip().split(',')[2].split('/')
```

```
11
12      # 正解ラベルの系列
13      a = line.strip().split(',')[3].split('/')
14
15      # 入力単語系列と正解ラベル系列のペアを格納
16      data_train.append([d, a])
17
18  # テストデータも同様
19  data_test = []
20  for line in lines_test:
21      d = line.strip().split(',')[2].split('/')
22      a = line.strip().split(',')[3].split('/')
23      data_test.append([d, a])
24
25  # 最初のデータだけ表示
26  print(data_train[0])
27  print(data_test[0])
```

最初のデータを表示した結果を示す.

```
[['左京', '区', 'の', '明日', 'の', '天気', 'を', '教え', 'て'],
 ['B-place', 'I-place', 'O', 'B-when', 'O', 'O', 'O', 'O', 'O']]
[['兵庫', 'の', '雨', 'は', '止ん', 'で', 'い', 'ます', 'か'],
 ['B-place', 'O', 'B-type', 'I-type', 'I-type', 'O', 'O', 'O', 'O']]
```

## モデルの学習

学習データを用いてモデルを学習する. 方法は前述のドメイン分類のときと同様だが, sklearn_crfsuite を用いる.

```
1   # 入力と正解ラベルで別々のデータにする
2   # 注)sklearn-crfsuite の One-hot 表現は単語データをそのまま入力すればよい
3   train_x = [d[0] for d in data_train]
4   train_y = [d[1] for d in data_train]
5
6   # CRF による学習
7   # 注)実際にはパラメータの調整が必要だが今回は行わない
8   clf = sklearn_crfsuite.CRF()
9   clf.fit(train_x, train_y)
10
11  # 学習済みモデルを保存
```

```
12  pickle.dump(clf, open(SAVED_MODEL, 'wb'))
```

## モデルの評価

　続いて，テストデータで評価する．こちらの方法も前述のドメイン分類のときと同様である．

```
1  # テストデータの作成
2  test_x = [d[0] for d in data_test]
3  test_y = [d[1] for d in hdata_test]
4
5  # テストデータでの評価
6  predict_y = clf.predict(test_x)
7
8  # 評価結果を表示
9  print(metrics.flat_classification_report(test_y, predict_y, labels=LABELS
     ))
```

　ここで，sklearn_crfsuite の metrics.flat_classification_report を用いると，評価結果が下記のように表示される．

|          | precision | recall | f1-score | support |
|----------|-----------|--------|----------|---------|
| B-wh     | 0.83      | 0.62   | 0.71     | 8       |
| I-wh     | 1.00      | 0.69   | 0.82     | 13      |
| B-place  | 1.00      | 0.88   | 0.93     | 8       |
| I-place  | 0.00      | 0.00   | 0.00     | 0       |
| B-when   | 0.81      | 0.93   | 0.87     | 14      |
| I-when   | 0.00      | 0.00   | 0.00     | 1       |
| B-type   | 1.00      | 0.90   | 0.95     | 10      |
| I-type   | 0.00      | 0.00   | 0.00     | 2       |
| B-temp   | 0.00      | 0.00   | 0.00     | 5       |
| I-temp   | 0.00      | 0.00   | 0.00     | 3       |
| B-rain   | 1.00      | 1.00   | 1.00     | 1       |
| I-rain   | 1.00      | 1.00   | 1.00     | 1       |
| B-wind   | 0.00      | 0.00   | 0.00     | 3       |
| I-wind   | 0.00      | 0.00   | 0.00     | 3       |
| O        | 0.77      | 0.99   | 0.87     | 82      |
|          |           |        |          |         |
| micro avg | 0.82     | 0.82   | 0.82     | 154     |
| macro avg | 0.49     | 0.47   | 0.48     | 154     |

| weighted avg | 0.74 | 0.82 | 0.77 | 154 |

各ラベルの適合率（precision），再現率（recall），F1スコア（f1-score），サンプル数（support）が示されている．その下に，これらのミクロ平均（micro average），マクロ平均（macro average），重み付き平均（weighted average）も示されている．ミクロ平均（micro average）とは，すべてのクラスをまとめてTPなどの数を集計し，それをもとに適合率，再現率，F1スコアを算出したものである．

## 任意の入力データでのテスト

任意の入力データでこのモデルをテストする．ドメイン分類のときと同様に，MeCabを用いて単語を分割して，モデルへ入力する．

```
1   # 任意のデータで試してみる
2
3   # 入力データ
4   input_data = '横浜の今日の天気'
5
6   # 飲食店案内の場合の例
7   #input_data = 'この辺りであっさりした四川料理のお店に行きたい'
8
9   # MeCab による分割と特徴量抽出
10  m = MeCab.Tagger("-Owakati")
11  words_input = m.parse(input_data).strip().split(' ')
12
13  # 予測
14  predict_y = clf.predict([words_input])[0]
15  for word, tag in zip(words_input, predict_y):
16      print(word + "\t" + tag)
```

すると，以下のような出力が得られる．ぜひ，さまざまなパターンの入力文で試してみてほしい．前述のUSED_DATASET変数を変更することで，飲食店案内ドメインも試すことができる．

| 横浜 | B-place |
| の | 0 |
| 今日 | B-when |
| の | 0 |
| 天気 | 0 |

**[コラム]**

## アンドロイドは何の役に立つ？

アンドロイド（2.4.6 項参照）は人間に酷似した見かけを有しているため，人間らしく振る舞うことが期待される（第 9 章参照）．これに関連して，筆者らはアンドロイド ERICA を用いた傾聴と就職面接という 2 つの対話タスクの実現に取り組んできた[16]．

**傾聴**（attentive listening）とは，相手の話に耳を傾けて聞くことを指す．これを実現するには，聞き手であるアンドロイドが，話し手であるユーザの話に対して，相槌などの聞き手応答を発話する必要がある．アンドロイドを用いることで，まさに人間に聞いてもらっているという感覚を醸し出すことが期待される．筆者らが構築したシステムでは，相槌に加えて，話の焦点となる単語の繰返し（「○○ですか」）や掘下げ質問（「どんな○○ですか？」），「いいですね」「大変ですね」といった評価発話などをリアルタイムに生成する．高齢者を対象とした対話実験で人間による傾聴（Wizard-of-OZ）との比較を実施したところ，基本的な傾聴スキル（「積極的に話を聴く」など）に関する評価では人間による傾聴と遜色がなかったが，「共感していた」「興味を示していた」「理解していた」などといった高度な傾聴スキルに関する評価では人間にはまだ及ばないことがわかった．

**就職面接**（job interview）では，主に面接練習に使用されることを想定し，アンドロイドが面接官役になり，志願者役であるユーザに質問をする．ただし，事前に用意された質問（「志望動機を教えてください」など）をただ順番に提示するだけでは，緊張感がなく，練習の効果が低くなってしまう．そこで筆者らのシステムでは，回答の質やキーワードにもとづいて掘下げ質問を生成する機能を実装した．大学生を対象とした対話実験では，この掘下げ質問により面接練習の緊張感が増し，より本番に近い感覚を得られることが確認された．

以上の 2 つの対話タスクは，アンドロイドに期待されていることの一部に過ぎない．また，傾聴は「聴く」，就職面接は「質問する」というように，必要な対話機能を限定することで，一定の質を実現したといえる．今後は，さまざまな対話機能を駆使して，より高度かつ複雑な対話タスクに取り組んでいくべきだろう．

□

[16] https://www.jst.go.jp/erato/ishiguro/robot.html （2022 年 9 月確認）

# 第5章

# 対話管理

　本章では，対話管理と応答文生成について述べる．**対話管理**とは，対話の目的（タスク）を達成[※1]するため，ユーザとの対話を制御するしくみである．具体的には，前章で述べた言語理解の結果を受けて，一連の対話の流れ（文脈）を推定し，それにもとづいて音声対話システムの行動を決定するしくみである．したがって，この実装は対話の文脈に依存することとなる．また，対話管理の出力は一般的に機械（コンピュータ）が理解するための形式であるため，これを人が理解できるようにするには，自然言語へと変換する必要がある．これを**応答文生成**（response generation）という．

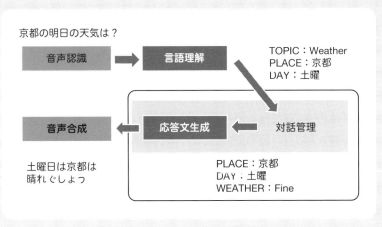

**図 5.1**　音声対話システムにおける対話管理ならびに応答文生成の位置付け

----

[※1] ここでの「対話の目的の達成」は 2.1 節におけるゴールに対応し，例えば「ユーザが求める飲食店を提示する」などとなる．

# ▶w■ 5.1

# 対話の基本構造

　対話管理を行うには，いまユーザが話している一連の対話の流れ（文脈）を音声対話システムが理解できなければならない．そのようなシステムを設計するには，対話の構造を概念化する必要がある．以下では，談話構造理論と隣接ペアを紹介する．

## 5.1.1　談話構造理論

　談話構造理論（discourse structure theory）[1] では，対話はまず言語構造・意図構造・注意状態という互いに関連する3つの概念から構成されているとする．ここで，いくつかの一連の発話のまとまりを談話単位（discourse segment; **DS**）という．言語構造（linguistic structure）は DS の階層構造で，**意図構造**（intensional structure）は対話参加者の意図の階層構造と順序構造である．**注意状態**（attentional state）は，対話の進行に応じて DS の情報を管理する**スタック**（stack）[※2]で表現され，意図の移り変りに同期して**プッシュ**（スタックへの追加）・**ポップ**（スタックからの取出し）が行われるものとする．これらの関係を図 **5.2** に示す．ただし，ここでの意図構造・注意状態は，S2 の発話が終了した時点での状態を示している．

　言語構造における DS の区切りはこの対話の背景となる意図構造にもとづいて決定される．S1 の発話の言語構造は，最初の挨拶「こちらは京都飲食店案内です」（DS1）とその後の「ご質問をどうぞ」（DS2）で，それぞれ DS を形成していると考えることができる．ここで，DS2 はユーザの "飲食店を検索する" という意図にもとづく目的が達成されるまで継続される．その過程で "予算を尋ねる" という新たな DS（DS3）が入れ子のように発生する．

　意図構造は対話そのものの目的と，それを達成するための**談話単位目的**（discourse segment purpose; **DSP**）（およびその階層構造）からなる．ここで，ある目的がその副次的な目的の集合に分解可能であるとき，上位の目的は下位の目的を支配する

<hr>

[※2] データを後入れ先出しする構造のこと．

言語構造

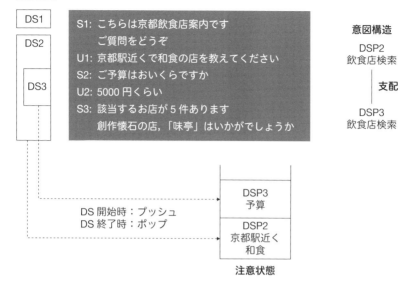

図 **5.2** 対話構造理論の例
（DS：談話単位，DSP：談話単位目的）

（dominance）と表現する．上記の例では，飲食店を検索するという DSP（DSP2）
は，予算を尋ねる DSP（DSP3）を下位の目的として支配している．また，ある
目的 A の達成が別の目的 B の達成の前提条件になっているとき，目的 A は目的
B に先行する（satisfaction-precedence）と表現する．

　一方，注意状態は意図構造に新しい意図が出現した場合にスタックにプッシュ
され，その DSP と，その DS で出現した要素（主として名詞）の集合が保持され，
これが対話の焦点となる．ここで，スタックの先頭要素を，代名詞などの参照対
象を同定するための照応解析（reference resolution）にも用いることができる．ま
た，DSP が 1 つ達成されると，スタックが 1 つポップされる．上記の例では，ま
ず，質問を受け付ける発話 S1 により DSP2 がスタックにプッシュされている．次
に，予算を尋ねる発話 S2 により，DSP3 がプッシュされている．その後，予算を
答える発話 U2 により，DSP3 が達成され，スタックの先頭要素もポップされてい
る．最後に，検索結果を伝える発話 S3 により，DSP2 が達成され，スタックの最
後の要素もポップされている．

　このように，談話構造理論にもとづいて対話管理を設計することで，対話の状

態や履歴を活用することができる．上記の例では，U2 に「5000 円くらい」という発話があるが，この発話単体では，ユーザの意図や発話の意味を推定することは難しい．一方，意図構造や注意状態のような情報を保持することで，「京都駅近くの和食を探していて，予算を尋ねている」という対話の文脈を推定することが可能になる．それによって，U2 の発話の意味を「京都駅近くで 5000 円の予算内に収まる和食を探している」と理解することができ，予算を尋ねるというシステムのタスクが達成され，もとの目的を焦点にすることで対話を適切に進行させることができる．

## 5.1.2 隣接ペア

対話の構造を理解するうえで重要となる別の概念として**隣接ペア**（adjacency pair）がある．これは，ある特定の種類の先行発話と，それに対応する後続発話の組合せをいう．例えば，「明日の京都の天気は？」という先行発話に対して，「晴れです．」という後続発話があれば，これらは質問と返答の隣接ペアであるといえる．ここで，先行発話が質問である場合，後続発話はそれに対する返答という種類の発話に制限されることに注意してほしい．同様に，先行発話が依頼であれば後続発話は承諾または拒否に，先行発話が評価であれば後続発話は同意または不同意に，先行発話が挨拶であれば後続発話は挨拶に制限される．

隣接ペアは会話分析において用いられてきた概念であり，その基本形の定義[2,3]は次のとおりである．

- 隣接ペアは 2 つのターン[*3]からなる．
- 隣接ペアの各ターンでは別々の話し手が発話する．
- 隣接ペアの各ターンは隣接した位置に置かれる．
- 隣接ペアの各ターンには相対的な順序が存在し，第 1 位置は第 2 位置を要求する（先行発話が第 1 位置に，後続発話が第 2 位置に対応する）．

隣接ペアの類型の一部を**表 5.1** に示す．ただし，すべての会話をこの隣接ペアの概念のみで説明できるわけではないため，第 3 位置，前方拡張・後方拡張，挿入拡張などが提案されている[4]．

対話システムに隣接ペアの概念を導入することで，ユーザとシステムの個々の

---

[*3] 会話において同じ話者が継続して発話する区間であり，話者交替の基本単位となる区間をターン（turn）と呼ぶ．1 つのターンは 1 つの文とは限らず，複数の文からなることもある．

表 5.1　隣接ペアの類型の一部

| 第 1 位置 | | 第 2 位置 | |
|---|---|---|---|
| **YES/NO 質問** (例：野球は好きですか) | | 一致／非一致的返答 (例：はい) | |
| **WH 質問** (例：好きな食べ物は何ですか) | | 回答 (例：ブドウです) | |
| 依頼 (例：これを調べてもらえますか) | | 承諾／拒否 (例：わかりました) | |
| 誘い (例：お昼ごはんに行きませんか) | | 承諾／拒否 (例：いいですね) | |
| 評価 (例：素敵ですね) | | 同意／不同意 (例：ありがとう) | |
| 挨拶 (例：こんにちは) | | 挨拶 (例：こんにちは) | |

発話を，一定のルールに則った発話のペアとしてモデル化することができる．例えば，システムが第 1 位置として YES/NO 質問を行った場合，それに対する第 2 位置としてのユーザの反応は一致／非一致的返答に制限されるので，システムはその制限下でユーザの反応を推定することが可能になる．また逆に，ユーザの第 1 位置における発話の種類を特定することで，それに対するシステムの第 2 位置における発話を適切なものにすることができる．このように，隣接ペアにより対話の流れを効率的にしぼり込むことができ，対話制御の頑健性を向上させることが期待できる．

## 5.2

# 対話の主導権

　音声対話システムにおいては，対象とするタスクやユーザの違いによって実現すべき対話のスタイルが異なってくる．対象とするタスクが比較的狭い場合（チケットの予約など）や，想定されるユーザの範囲が広く，ユーザの行動が予想しにくい場合には，主として音声対話システムが対話を制御するように設計して，ユーザの後続発話を隣接ペアとして制限することで，より確実に目的達成に導くスタイルが望ましい．一方，対象とするタスクが広い場合（スマートフォンの音声アシスタントアプリなど）や，ユーザの行動が比較的予測可能な場合（作業日報の入力など）には，主としてユーザが対話を制御するように設計したほうが効率がよいことが多い．

　このように，質問や要求（隣接ペアの第 1 位置に相当）を発する立場にある側
を，対話の主導権（initiative）をもつと表現する．また，対話の主導権を音声対話
システムがもつ場合をシステム主導（system initiative），ユーザがもつ場合をユー
ザ主導（user initiative）という．さらに，対話の途中で主導権が入れかわる場合
を混合主導（mixed initiative）という．これらのいずれをとるかによって，対話
処理の方式や音声対話システムがもつべき知識が異なってくる．

## 5.2.1　システム主導

　システム主導では，音声対話システムがあらかじめ決められた手順でユーザか
ら情報を順次引き出すことによって，対話の目的を達成することを目指す．シス
テム主導における対話例を以下に示す．

> S1（システム）：こちらは京都飲食店案内システムです．どの地域の飲食店
> 　　をお探しですか．
> U1（ユーザ）：京都駅周辺です．
> S2：どのような料理がお好みですか．
> U2：和食が食べたいです．
> S3：ご予算はおいくらぐらいですか．
> U3：3000 円までで考えてます．
> S4：その条件でしたら，お手軽京懐石「みやこ」はいかがでしょうか．

　このようにシステム主導の対話は，基本的に音声対話システムからの情報要求
に対してユーザが応答するという隣接ペアの繰返しで構成される．したがって，
音声対話システムからの情報要求項目数を 1 ターンにつき 1 項目に限定すれば，
ユーザの応答発話を単純なものに限定できる．上記の対話例でも S1 の「どの地域
の飲食店をお探しですか．」というシステムの質問に対して，ユーザの回答を地域
名に限定することができている．システム主導の音声対話システムでは，比較的
高い言語理解精度が期待でき，高いタスク達成率につながりやすい．
　一方，一般に対話のターン数が多くなるため，タスク達成に要する時間が長く
なる傾向がある．また，そもそもユーザの意図に沿った結果となるかは対話が終
了するまでわからず，対話そのものは破綻なく終了したとしても，ユーザの対話
の目的が達成されずに終わる場合がある．さらに，上記の例では，場所に自由度
があるが，ベトナム料理を食べたい人は S1 に対して戸惑うことになるし，ジャン
ルに関係なく単におしゃれな店に行きたい人の要求には対応できない．

### 5.2.2　ユーザ主導

　ユーザ主導では，ユーザが音声対話システムに対して質問し，音声対話システムがそれに応答することによって，対話の目的を達成することを目指す．ユーザ主導における対話例を以下に示す．

> U1（ユーザ）：京都寿司の営業時間を教えてください．
> S1（システム）：はい．京都寿司の営業時間は，平日は午前 10 時から午後
> 　　　　7 時まで，土曜日は午前 11 時から午後 9 時までで，日曜日はお休み
> 　　　　です．
> U2：夜の予算はどれくらいですか．
> S2：平均で 4000 円程度です．

　ユーザ主導の対話では，ユーザの入力発話の適切さが重要になる．すなわち，音声対話システムが想定している範囲内の入力発話であれば，効率よく対話が進行する．一方，入力発話の内容が基本的にユーザに任せられているため，あいまい，もしくは複雑になる傾向がある．例えば単に「京都駅近くでおすすめの店を教えて」という発話も考えられる．したがって，システムの言語理解において問題が生じやすい．さらに，音声対話システムを使い慣れていないユーザにとっては，何をどのように話せばよいのかがわかりにくいという問題もある．

　また，上記の対話例の U2 の発話にみられるように，前のターンの内容と関連した一部が省略された発話（**省略発話**）が頻繁に現れる．したがって，U2 で予算を尋ねている対象の飲食店が「京都寿司」であることを，過去の対話履歴などから補う機能を実装していなければ，S2 のように回答することができない．省略された情報は直前のターンにあることが多いが，数ターン前方にある情報が省略されることも珍しいことではない．このことが省略発話への対応を難しくする．

### 5.2.3　混合主導

　混合主導の対話では，文脈に応じて主導権を移動させながら，対話の目的を達成することを目指す．人間どうしの会話では主導権が終始固定されていることは少ないので，最も自然な対話の形であるといえる．一方，どちらに主導権があるのかわからない状況もよくみられ，そのような状況に適切に対応して，対話の目的を確実に達成するような音声対話システムをつくるのは難しい．

　したがって，音声対話システムにおける混合主導対話は，あらかじめ決められた一定のスタイルを前提として，主導権がどちらにあるのかをわかりやすくしているものが多い．最もよくみられるスタイルは，対話の冒頭など，限定的なところではユーザに主導権をもたせるが，対話の内容がある程度しぼられた（予測できた）時点でシステムに主導権が移動するようにするものである．そのような対話例を以下に示す．

> S1（システム）：こちらは京都飲食店案内です．ご質問をどうぞ．
> U1（ユーザ）：京都駅近くで和食の店を教えてください．
> S2：予算はどれくらいですか．
> U2：5000 円くらいです．
> S3：該当するお店が 5 件あります．このうち，創作懐石の店，「味亭」は
> 　　いかがでしょうか．

　この対話例では，S1 の「ご質問をどうぞ.」という発話でユーザに主導権をもたせているが，U1 の発話内容を認識した後は，システムが主導権をとり，S2 の質問をしている．このようにすることで，ユーザが場所を重視しているのか，あるいは料理のジャンルまたは予算を重視しているのかを把握してからしぼり込みを行うことができ，対話の効率が大きく向上する傾向がみられる．実際，このような混合主導の対話はスマートフォンの音声対話アシスタントなどで採用されている．
　一方，ユーザ主導や，ユーザが自由に主導権を取得することを許すような混合主導の対話では，すべての状態遷移を記述するのは煩雑な作業になるので，機械学習による方法（5.5 節参照）や end-to-end モデル（第 6 章参照）などを検討する必要がある．ただし，どちらの場合も，大量の対話データが学習に利用できないとモデルの構築が難しいことが課題となる．

## ⚡■ 5.3

# 対話管理のサブタスク

　具体的な対話管理の方法論について説明する前に，対話管理の問題設定について

定義しておく．対話管理は主に以下の3つのサブタスクに分割することができる．

① **対話状態推定**（dialogue state tracking; **DST**）：ユーザの一連の発話から対話を遂行するために必要な情報を抽出する[※4]．この出力は，言語理解と同じようにスロット形式で表されることが多い．

② **行動選択**（action selection）：DST の出力である対話状態をもとに，次のシステム発話の**対話行為**とその内容を決定する．システムの応答文生成は言語理解と逆の過程であるため，言語理解の出力と同様のスロット形式で表されることが多い．また，背後に RDB を備えたシステムの場合は，この行動にはデータベース検索のクエリの情報も含まれる．このサブタスクで，行動を選択するための政策[※5]を決める，あるいは学習することが行われる．

③ **応答文生成**：対話状態と次のシステム発話の行動をもとに，システム発話文を生成する．

## ■ 5.4

# 対話管理のモデル

　前節までに説明した対話の基本構造，主導権，サブタスクを踏まえて，具体的な対話管理のモデルを紹介する．

### 5.4.1　有限状態オートマトン

　小規模なシステム主導の対話であれば対話の流れを状態遷移として記述することが簡潔で確実である．この実現方法にはいくつかあるが，最も広く用いられているのが有限状態オートマトンによるものである．オートマトン（automaton）は入力にともなって状態変化を起こす機械（をモデリングする方法）である．そして，**有限状態オートマトン**（**FSA**）は，状態があらかじめ有限個に規定できるオート

---

[※4] 言語理解がその時点でのユーザ発話のみを考慮するのに対して，DST では言語理解の一連の結果をまとめる．

[※5] 次のシステム発話の対話行為を決定する基準を**政策**（policy）と呼ぶ．

マトンであり，以下の要素で定義される．

- ・状態集合：　　　　　　　$\{s|s \in S\}$
- ・入力記号集合：　　　　　$\{u|u \in U\}$
- ・状態遷移規則集合：　　　$\delta : S \times U \to S$
- ・初期状態：　　　　　　　$s_0 \in S$
- ・終了状態集合：　　　　　$F \in S$

この FSA を用いて，システム発話を状態 $s$，ユーザ発話（のタイプ），または
システムの処理結果（例えばデータベースの検索結果）を入力記号 $u$，可能な対
話の遷移を $\delta$ に対応させることによって，システム主導の対話管理の動作を規定
できる．

また，前述のサブタスクの要素（5.3 節）にそれぞれ対応させると，状態 $s$ が対
話状態（dialogue state）およびシステムの行動（action），状態遷移 $\delta$ が政策に対
応する．このモデルにはシステムの行動，つまり応答文生成が状態と一体化して
いる．

飲食店検索における FSA による対話制御の例を図 **5.3** に示す．四角形で囲ま
れた部分がそれぞれ状態を表しており，このうち最も上のものが初期状態で

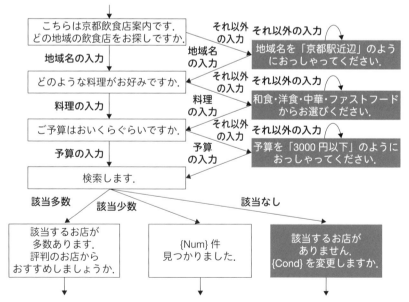

図 **5.3**　FSA による対話制御（四角形で囲まれた部分がそれぞれ状態を表す）

ある．ここで，"地域名の入力""料理の入力"などがユーザ発話による対話の遷移であり，"該当多数""該当少数"などがシステムの処理結果による対話の遷移である．また，最も下の結果の報告を行う状態では，"該当少数"の遷移先の状態のように「{Num}件見つかりました」とシステム発話に変数{Num}が用いられているが，この値は検索結果から定まる（「5件見つかりました」など）．一方，"該当なし"の遷移先の状態における{Cond}という変数は，地域・料理・予算のうち，いずれかの項目の制約をゆるめることをユーザに示唆するものであるが，システムが保持しているデータの内容に依存した処理を行わなければ適切な値を定めることはできない．すなわち，対話の大まかな流れはFSAで記述できるが，対話を円滑に進めるためには，各状態においてある程度のアドホック（臨機応変）な処理を組み込まれなければならない場合が多い．

この対話システムにおける対話例を以下に示す．

> S1（システム）：こちらは京都飲食店案内です．どの地域の飲食店をお探し
> ですか．
> U1（ユーザ）：北山
> S2：どのような料理がお好みですか．
> U2：なんでもいいから，おいしいもの
> S3：和食・洋食・中華・ファーストフードからお選びください．
> U3：洋食
> S4：ご予算はおいくらぐらいですか．
> U4：3000円
> S5：5件見つかりました．1件目は，ステーキの「鈴木亭」です．詳しい
> 情報が必要ですか．

FSAによる対話制御を実装するツールとしては，XMLのマークアップ言語である **SCXML**（State Chart XML）[6]やバーチャルエージェントを実装するためのプラットフォームである **MMDAgent**[7]が活用できる．ただし，これらによる実装は，テキストベースで論理的に記述するものである．これを図5.3のようにグラフィカルに記述できれば，分岐や状態の遷移などをより直観的に把握することができ，開発効率や保守性が高まる．このようなツールとして，製品レベルではソフトバンクロボティクス（株）の **Pepper** やフランスのアルデバランロボティ

---

[6] https://www.w3.org/TR/scxml/ （2022年9月確認）

[7] http://www.mmdagent.jp/ （2022年9月確認）

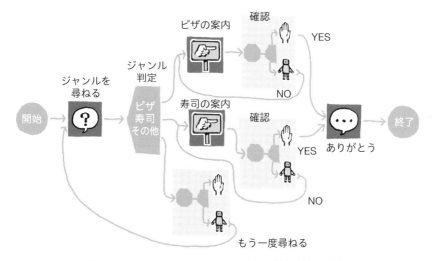

図 **5.4**　Interaction composer による対話制御の記述
（文献 5）の図をもとにして作成）

クス社の Nao の開発で用いられている **NAOqi** ソフトウェア[※8]や，（株）NTT
ドコモにより提供されている **SUNABA**[※9]などがある．また，研究レベルでは，
**Interaction composer**[5]）（**図 5.4**）などもある．

　一方，FSA による対話制御の短所としては，ユーザ主導の対話や混合主導の対
話を記述しようとすると，状態数や遷移条件記述が多くなりすぎて，作成・保守が
困難になるということがあげられる．また，FSA では，エラー処理やヘルプ対話
などの記述が冗長になるという問題もある．図 5.3 でも，各状態で想定外のユー
ザ発話が入力されたときには具体例を用いて再度入力をするよう促す状態となり，
指定された条件を満たす値が入力されるまでこの状態を繰り返すという，定型的
なエラー処理が複数箇所で記述されている．しかし，一般に，ソフトウェアの規
模が大きくなればなるほど，同様のコードが複数箇所で記述されている場合，保
守作業によるコード変更において複数箇所の一貫した更新を保証することが難し
くなる．特に，音声対話システムではテスト段階，運用初期段階で早くも修正が
必要になる場合が多く，このような保守性の低下は大きな問題となる．

........................................
[※8] http://doc.aldebaran.com　（2022 年 9 月確認）
[※9] https://docs.xaiml.docomo-dialog.com/　（2022 年 9 月確認）

## 5.4.2 フレームベース

言語理解結果の出力のように，スロットおよびその値が格納されるものをフレーム（frame）という．このフレームを活用した対話管理をフレームベースという．フレームの状態は対話状態に対応する．また，各スロットには対話タスクにもとづく制約が定義されており，これが行動および政策に対応する．

表 **5.2** の例では，各スロットがユーザから得る情報として必須なのか任意なのかが制約として記述されている（地域とジャンルは必須だが，予算は任意）．これによって，あるユーザ発話が入力された後に，必須のスロットのうちまだ言及されていない（言語理解によって抽出されていない）スロットについてシステムから尋ねる，という政策が考えられる．つまり，すべての状態遷移を記述しておくかわりに，対話状態の制約およびそれにもとづく政策を定義しておくことで，システム管理および対話内容の両面において効率化を実現することができる．

表 5.2 の飲食店案内システムの例でいえば，ユーザから「京都駅周辺で何かおいしいものはありますか？」と尋ねられた場合，地域のスロットは "京都駅周辺" で埋まるが，ジャンルの必須スロットが埋まらないので，これを尋ねるシステム主導の対話に切りかわり，「料理のジャンルを教えてください」というシステムからの発話がなされる．対して，最初に「京都駅周辺でおいしい中華はありますか」というユーザ発話がなされた場合，すべての必須スロットが埋まるので，ジャンルを尋ねるシステム発話は省略できる．ただし，主導権については，上記の対話例からわかるように対話の冒頭はユーザ主導であるが，必須スロットを尋ねる時点でシステム主導にする必要があり，混合主導の対話になる．すなわち，フレームベースの方法は混合主導の対話に適している．

## 5.4.3 アジェンダベース

前項で説明したフレームベースの方法は有用であるが，対象とする対話タスクが複雑になると，1 つのフレームでは対象とする対話タスクをカバーできなくな

表 **5.2** 飲食店案内システムにおけるフレームの例

| スロット名 | 制約 |
|---|---|
| 地域 | 必須 |
| ジャンル | 必須 |
| 予算 | 任意 |

図 5.5　飲食店案内システムにおけるアジェンダの例

る．対策として，対象タスクをサブタスクに分解し，各サブタスクにおいてフレームを用意する方法が考えられる．このとき，扱うサブタスクの順番は柔軟に変更可能であるべきである．例えば，図 5.5 のように，飲食店案内システムでは，"好みを聞く" "場所を聞く" "予算を聞く" というサブタスクが考えられるが，ユーザがはじめに「京都駅周辺で何かありますか？」と発話した場合，"場所を聞く" というサブタスクは先頭に移動する必要があるからである．

　このようにシステムがやるべきこと（アジェンダ（agenda））をサブタスクとして列挙し，ユーザ発話に応じて，それらの遂行順序を柔軟に並べかえることができるようにした対話管理をアジェンダベースという．アジェンダベースはフレームベースと同様に混合主導の対話に適している．

### 5.4.4　マルコフ決定過程（MDP）

　以上で説明したモデルは，いずれも想定したどおりに対話が進めば，対話のゴールを達成することができる．しかし，あらかじめ規定した対話戦略が最適なものである保証はなく，実際，そうであるとは限らない．たとえ小さなタスクドメインであっても，どのような状態でユーザが混乱しやすく，どのような状態で確認が必要になるかは，知識の構造化だけではわからないからである．また，考慮すべき状態や遷移が増えるほど，対話制御のパターンが増大し，システムの保守管理が難しくなる．

　これらの問題に対処するために，FSA における状態遷移が対話状態とシステムの行動によって確率的に定まるとする方法論が考えられる．このようなオートマトンを確率有限状態オートマトン（probabilistic finite-state automaton; **PFSA**）という．対話管理においては，PFSA の 1 つであるマルコフ決定過程（Markov decision process; **MDP**）がよく用いられる．MDP の定義は次のとおりであり，

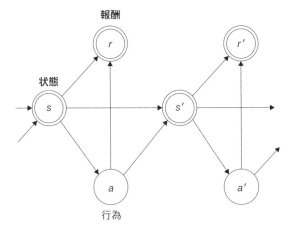

図 **5.6** MDP のグラフィカルモデル
(二重丸は観測変数, (二重ではない) 丸は潜在変数を表す)

そのグラフィカルモデル (graphical model)[※10]を図 **5.6** に示す.

- ・状態集合: $\{s | s \in S\}$
- ・行動集合: $\{a | a \in A\}$
- ・政策: $\pi : S \to A$
- ・状態遷移規則集合: $\delta : S \times A \to S$ (ただし, $0 \le p(s'|s, a) \le 1$)
- ・報酬集合: $R : S \times A \to \mathbb{R}$(実数値)
- ・初期状態: $s_0 \in S$

5.4.1 項で述べたモデルと比べると, 行動が状態から分離され, 政策として学習されるとともに状態遷移も引き起こしている. 前述のサブタスクの要素 (5.3 節) にそれぞれ対応させると, 状態 $s$ が対話状態, 行動 $a$ と政策 $\pi$ はそのまま対応する. つまり, 入力であるユーザ発話 (言語理解結果) は状態と一体化している. また, 政策の学習を行うために報酬 $r$ (実数値) を導入する. これは対話の成否に相当するもので, 必須のスロットがすべて埋まったかどうか, ユーザの対話に対する満足度[※11]などで表される. このように対話をモデル化すると, 各状態で音声対話システムがとるべき行動は, 将来の期待報酬が最大になるような政策 $\pi$ (状態

......................................................
[※10] 変数間の依存関係を図示したもの. また, 観測変数はモデルの学習においてその学習データを与えるものであり, このデータから潜在変数の確率分布を推定することなどが行われる.

[※11] ただし, 対話が終了した時点でユーザからの評価を得るためのしくみが必要となる.

から行動への写像[※12]）を強化学習などによって学習することで得ることができる（5.5 節参照）．

### 5.4.5 部分観測マルコフ決定過程（POMDP）

前項で説明した状態を明示的に記述するのは容易ではないという問題のほかに，音声対話システムにおいては，音声認識誤りや言語理解誤りのために，ユーザ発話の意図を確実に同定することが難しいという問題もある．また，音声対話システムがユーザの行動を導く発話をしたとしても，ユーザの行動が一意に定まるとは限らない．

これらの問題は，前者をセンサから不十分な情報しか得られない状況，後者をユーザの行動の不確実性ととらえると，ロボットの行動学習などで定式化されている不完全観測の問題と同様であるといえる．したがって，不完全観測を仮定した**部分観測マルコフ決定過程**（partially observable Markov decision process; **POMDP**）によって対処できると考えられる[6, 7]．POMDP によるモデルでは，MDP のモデルに追加して観測 $o$，観測確率 $p(o|s,a)$，そして**信念状態**（belief state）$b$ を導入する．観測は，上記の入力の誤りを想定し，観測確率によって確率的に表現される．また，状態 $s$ についても確率的に扱い，信念状態とする．

- ・観測集合： $\{o|o \in O\}$
- ・状態集合： $\{s|s \in S\}$
- ・行動集合： $\{a|a \in A\}$
- ・観測確率： $p(o|s,a)$
- ・信念状態： $b = p(s)$
- ・政策： $\pi : b \to A$
- ・状態遷移規則集合： $\delta : S \times A \to S$ 　（ただし，$0 \le p(s'|s,a) \le 1$）
- ・報酬集合： $R : b \times A \to \mathbb{R}$（実数値）
- ・初期信念状態： $b_0 = p(s_0)$ 　（$s_0 \in S$）

これによって，対話は初期信念状態 $b_0$ から始まり，進行するにしたがって確率的に信念状態 $b$ が変化することになる．ここで，状態 $s$ の真の値は観測できないが，音声認識と言語理解の結果として観測 $o$ が得られるとする．そして，その観測 $o$ は，状態 $s$ とシステムの直前の行動 $a$ を条件とする確率分布にしたがうとす

---

[※12] 写像ではなく確率 $p(a|s)$ で表す場合もある．

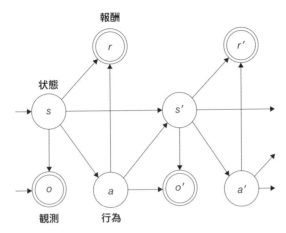

図 **5.7** POMDP のグラフィカルモデル
（二重丸は観測変数，（二重ではない）丸は潜在変数を表す）

る．政策 $\pi$ も信念状態 $b$ にもとづくため，確率的なものとなる．

　POMDP のグラフィカルモデルを図 **5.7** に示す．図 5.6 と比較すると，MDP では状態 $s$ が観測可能であったのに対して，POMDP では状態 $s$ が潜在変数となり，それにもとづいて観測 $o$ が観測されることがわかる．なお，新たな観測 $o'$ が入力された際の信念状態は，観測確率，状態遷移確率，およびそれまでの信念状態を用いた以下の式[13]によって更新される．

$$p(s') \propto p(o'|s', a)\sum_s p(s'|s, a)\, p(s) \tag{5.1}$$

## 5.5

# 対話戦略の機械学習

　前述のとおり，MDP と POMDP による対話制御では，対話戦略が確率的となる．これらのモデルのパラメータは機械学習によってデータから推定することができる．

[13] 観測確率の条件に 1 つ前の状態 $s$ を含めて $p(o'|s', a, s)$ とすることもある．

## 5.5.1　**MDP／POMDP の強化学習**

　対話戦略の学習にあたっては，対話の各ターンにおける正解を明示的に与えることはできない．つまり，ある状態において，その行動が正しい選択であったかどうかは，対話が終了してみないとわからないことが多い．このように，個々の行動に対して明示的に正解が定まらず，結果にいたる行動の系列が正しかったかどうかを示す報酬が遅れて与えられるような状況におけるモデリングには，機械学習の中でも**強化学習**が適している．強化学習とは，すべての状態において，ある行動を選択したときに得られる期待報酬（将来のものほど，割引率 $\gamma$ のべき乗で割り引かれる）を実際に探索しながら求めることによって，状態と期待報酬が最大となる行動との写像を学習するものである．

　以下では強化学習の学習方法の 1 つである **Q 学習**（Q–learning）について説明する．MDP による対話制御のモデリングにおける強化学習では，各状態・行動での期待報酬の推定値を表す関数を $Q(s,a)$（Q 関数）とし，探索を進めるごとに以下のアルゴリズムにもとづいて $Q(s,a)$ を更新する．

① 各 $s,a$ に対する $Q$ の推定値 $\hat{Q}(s,a)$ を 0 に初期化．

② 現在の状態 $s$ を観測．

③ 以下を Q 関数の値の変化がしきい値以下になるまで繰り返す．

　ⅰ）行動 $a$ を選択し，実行する．

　ⅱ）報酬 $r(s,a)$ を受け取る．

　ⅲ）新しい状態 $s'$ を観測する．

　ⅳ）$\hat{Q}(s,a)$ を更新する（ここで，visits(s) は状態 s を訪れた回数，$\gamma \in [0,1]$ は忘却率[※14]，$\alpha \in [0,1]$ は学習率）．

$$\hat{Q}(s,a) \leftarrow (1-\alpha)\,\hat{Q}(s,a) + \alpha\left(r(s,a) + \gamma \max_{a'} \hat{Q}(s',a')\right)$$

$$\alpha = \frac{1}{1 + \mathrm{visits}(s)}$$

　ⅴ）$s \leftarrow s'$ とする．

このとき，最適な政策 $\pi^*$ は，Q 関数によって以下で表される．

$$\pi^*(s) = \operatorname*{argmax}_{a} Q(s,a) \tag{5.2}$$

　また，POMDP の場合，対話状態 $s$ を信念状態 $b = p(s)$ に置き換える．Q 関数は次式のようになる．

---

[※14] 忘却率 $\gamma$ は 0.1 に設定されることが多い．

$$\hat{Q}(b,a) \leftarrow (1-\alpha)\,\hat{Q}(b,a) + \alpha \left( r(b,a) + \gamma \max_{\alpha'} \hat{Q}(b',a') \right) \tag{5.3}$$

ただし，信念状態 $b$ は確率変数であるので，すべての $b$ に対して式 (5.3) の Q 関数を求めることは難しい．そこで，信念状態 $b$ を離散的な情報で近似する **Grid-based value iteration** や **Point-based value iteration** と呼ばれる方法が用いられている．最適な政策 $\pi^*$ は以下の式で求めることができる．

$$\pi^*(b) = \underset{a}{\operatorname{argmax}}\, Q(b,a) \tag{5.4}$$

### 5.5.2 深層強化学習

深層強化学習（deep reinforcement learning）とは，強化学習における Q 関数をニューラルネットワークで近似したものである．ここで使用するニューラルネットワークの 1 つに，**DQN**（Deep Q-Network）[8] がある．DQN では，状態 $s$ とシステムの次の行動 $a$ を入力とし，Q 値を出力する以下の関数をニューラルネットワークで近似する．

$$Q^* = Q(s,a|\theta) \tag{5.5}$$

ここで，$\theta$ はニューラルネットワークのパラメータである．

また，DQN の学習における損失関数は，以下の **TD 誤差**（temporal difference error）として定義される．

$$\mathcal{L} = \mathbb{E}_{s,a,s'} \left[ \left( Q(s,a|\theta) - \left( r(s,a) + \gamma \max_{a'} Q(s',a'|\theta) \right) \right)^2 \right] \tag{5.6}$$

さらに，学習を安定させるための方法として，一度経験した状態・行動・遷移を記憶しておき，そこからランダムサンプリングしたデータで学習を行う **Experience replay** や，ニューラルネットワークのパラメータ更新を逐次的ではなく，一定のまとまり（例えば，学習データ全体など）ごとに行う **Fixed target network** などがある．深層強化学習を音声対話システムへ適用する試みについては，すでに数多くの研究がなされているが[9,10]，複雑な Q 関数を表現力の高いニューラルネットワークで近似することは妥当な展開であり，今後もさらに発展していくと予想される．

### 5.5.3 ユーザシミュレータ

上記の強化学習を含め，機械学習を行うためには，一般に大量の学習データが必要となる．音声対話システムの場合，ユーザに音声対話システム（あるいは音声

対話システム役の人）と実際に対話を行ってもらい，さらにそのデータをアノテーションするということを大規模に行わなければなければならない．しかし，それらすべてを人手で行うとコストがかかりすぎるため，想定されるユーザの振舞いをプログラムによって生成することが考えられる．このようなプログラムをユーザシミュレータ（user simulator）という．

　ユーザシミュレータを設計する際に，対話開始時点ですでにユーザの対話のゴールは明確であると仮定すれば，想定されるユーザの行動パターンを手動で設定することが可能である．つまり，対話行為のレベルで，行動パターンを記述することができる．例えば，システムがあるスロットの情報について尋ねた場合に，ユーザはそれについて答えるという行動パターンを設定できる[※15]．加えて，複数のスロットが埋まっていない場合に，ユーザはそのうちのどれかについてランダムに言及するという行動パターンも設定できる．このような行動パターンにもとづいてユーザの振舞いをシミュレーションし，それに対して前述の MDP や POMDP における Q 関数や報酬がどのように変化するかを観察することができる．

　一方，このような方法は簡単なタスク指向対話では有効だが，対話の流れが複雑になればなるほど，ユーザシミュレータによるユーザの行動パターンが実ユーザのそれと乖離してしまうことが問題となる．対策として，対話データからユーザの行動パターンの統計データを算出し，そこからデータをサンプリングする方法も検討されている[11]．

## ))w■ 5.6

# 応答文生成

　対話管理によって，音声対話システムが次にとるべき行動が決まったら，その行動を応答文（自然言語）にしてユーザに伝えることになる．これを応答文生成という．すなわち，応答文生成は，対話管理の処理により決められた「何をいうべきか（what to say）」にもとづいて，それを「どのようにいうべきか（how to

---

[※15] システム発話とユーザ発話との関連性・連続性については 5.1.2 項で解説した隣接ペアの考え方が参考になる．

say）」を決める処理である．

## 5.6.1 Grice の会話の公準

応答文生成では，どのような情報をユーザに伝えれば対話が円滑に進むのかという，判断基準が重要になる．これについて，以下では Grice の会話の公準[12]をもとに説明する．**Grice の会話の公準**（Grice's maxims of conversation）とは，対話参加者が発話を行うときに，通常したがうと考えられる以下の一連の基準のことである．

- ・量の公準：過不足のない情報を伝える．
- ・質の公準：根拠のある事実や真であることを伝える．
- ・関係の公準：関連性をもたせる．
- ・様態の公準：明確・簡潔に話す．

ここで，量の公準は，応答内容の決定に深く関与している．例えば，検索結果が多くある場合や，答えに該当する情報が（音声で伝えるには）長すぎる場合などに，ユーザに伝える内容をしぼり込んだり，適度にターンを分割して，1 つの発話をユーザが負担なく理解できる程度の内容となるよう調整したりする必要があることを示している．また，質の公準は，音声対話システムの知識（データベース）の正確性が保証されるべきであることを表している．関係の公準は，対話における一連の発話には一貫性が保たれるべきであることを表している．また，指示語などを用いて発話間に関連性をもたせることも求められる．様態の公準は適切な表層表現を用いることが大切であることを表している．ただし，これはユーザの状況（対話の目的など）や属性（年齢など）によっても変化する．

一方，これらの公準は必ずしもすべての発話で守られなければならない規則ではない．むしろ，この公準にしたがった発話は通常どおり解釈できるが，この公準にしたがっていない発話は何らかの含意があると解釈すべきであることを示唆している．例えば，音声認識の結果に誤りがないことを確認するため，確認発話を複数回挿入してしまうことがあるが，簡潔性を欠くため様態の公準に反する．このとき，ユーザは自然な対話とは受け取らないが，利用している音声対話システムの性能をユーザに伝えていることにもなるので，ユーザの適応的な行動を導き出すことにつながるかもしれない．

## 5.6.2 テンプレート方式

実用化されている大半の音声対話システムでは，応答文にテンプレート（template）を用い，テンプレート中の変数スロットの値を対話管理で決定する方式が採用されている．これをテンプレート方式という．テンプレート方式では，典型的な応答文（挨拶：「こちらは天気情報サービスです」，問い返し「もう一度いってください」など）と，テンプレート（検索結果：「〜は・・・・・です」，確認：「〜ですか」など）を組み合わせて，応答文生成を実現するのが一般的である．

図 5.8 にテンプレート方式による応答文生成の例を示す．ここで，"検索結果"が対話管理から渡される情報であり，テンプレート内で，その属性に対応する箇所へ各要素をあてはめることで，文を生成している．したがって，「何を」「どのように」いうべきかをそれぞれの対話状態ごとに，あらかじめ決めておく必要がある．例えば，5.4.1 項で説明した状態遷移モデルによる対話管理手法では，各状態にシステム発話のテンプレートを対応付けて，変数スロットの値は外部アプリの実行結果から埋めることになる．

一方，テンプレート方式では，複数のタスクに対応する必要がある場合や，とりうる状態数が多い場合，必要なテンプレートの数が管理できないくらいに多くなるという問題が生じる．特に，ユーザの製品の操作等をサポートするヘルプ応対などにおいては，ユーザがわからない事態に陥らないよう，終始一貫した振舞いが要求されるが，さまざまな状態ごとに割り当てられたテンプレートの間で完全に整合をとることは難しい．

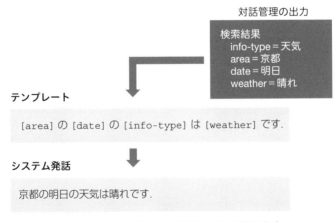

図 5.8　テンプレート方式による応答文生成

### 5.6.3 テンプレート生成方式

これに対して，コーパスなどでの応答文データにもとづいてテンプレート自体をあらかじめ生成する方法が考えられる．これをテンプレート生成方式という．この方法では，システムの発話タイプ（"質問" や "回答" など）ごとに $N$–gram 言語モデルを学習する．この際，コーパス中のキーワードは対応するスロット名に置き換えておく．そして，発話タイプごとに学習した $N$–gram 言語モデルの確率分布にしたがい，その発話タイプのテンプレートを生成する．つまり，発話タイプ $t$ が与えられたとき，$i$ 番目の単語（または単語クラス）は以下の確率分布にしたがって生成される[*16]．

$$w_i = \mathrm{argmax}\ p(w_i|w_{i-1}, w_{i-2}, \cdots, w_1, t) \tag{5.7}$$

ただし，$N$–gram 言語モデルについては，実際には 5–gram の言語モデルが使われることが多い．このようにして生成された複数のテンプレートの中から，対話管理から渡されたシステム発話のスロットを適切に含むものを選択し，スロットへ情報をあてはめることでシステム発話を生成する．

### 5.6.4 文生成方式

最近では，テンプレートではなく，応答文を直接生成する文生成（text generation）の方法（文生成方式）も検討されている．上記のテンプレート生成方式との違いは，スロットの情報（スロット名とスロット値のペア）も言語モデルの条件（モデルへの入力）に含めることである．この方法ではニューラルネットワークのエンコーダ–デコーダ型の RNN モデルが主に用いられている[13-15]．具体的には，入力である発話タイプとスロットの情報を，エンコーダによりベクトル表現として埋め込み，エンコードされたベクトルの情報をもとにデコーダによって応答文を生成する．この際，デコーダにおいて，エンコーダへ入力される系列情報に対して注意機構を用いて適切に参照することも試みられている[16]．ただし，テンプレート方式では起こりえないような，入力に含まれていないスロット値が出力に含まれてしまうこと[*17]が時折みられる[17]．

このような文生成方式の性能は，言語モデルを学習するための対話コーパスの

---

[*16] 発話タイプ $t$ を，対話管理の出力の 1 つであるシステムの行動に対応させることも可能である．

[*17] このような現象は hallucination とも呼ばれている．

規模や質に依存する．つまり，対話コーパスの規模が大きければ大きいほど，質がよければよいほど，文生成方式で生成される文は適切なものとなる．逆にいえば，対話コーパスの規模が小さく，質が悪ければ，十分な性能は期待できない．また，テンプレート方式とは異なり，生成される文の適切さを担保することが難しいという問題がある．さらに，事前にチェックして生成される文の中に不適切な表現を発見したとしても，そのような表現がなくなるようにモデル自体を修正することは困難である．したがって，対象とする対話タスクの複雑度や難易度に応じて，テンプレート方式と文生成方式を適切に使い分ける必要がある．

## Hands-on 対話管理の実装

対話管理について，FSA による方法とフレームベースの方法を実装してみよう．なお，FSA については SCXML などの XML 形式で記述することも可能だが，ここでは Python プログラム上で直接記述することとする．また，機械学習による方法の実装については他書[18]を参考にしてほしい．

### 1. FSA の実装

FSA による方法を実装する．以下で使用するサンプルソースコードを示す．

・dm_fst.ipynb（Jupyter Notebook 形式）

・dm_fst.py（クラス形式）

図 5.9 のような状態遷移を想定した飲食店案内の対話を扱ってみよう．ユーザに地域名，ジャンル，予算を順番に尋ねる．言語理解においてそれぞれのスロット値が抽出できなかった場合は，抽出できるまで尋ねるというものである．

### 状態と遷移の定義

状態遷移を実装するためには，システムの内部で現在の状態を管理する必要があるので，各状態に固有の番号を付与しておく．ここでは以下のようにする．

・左側の 4 つが上から順に 0 ～ 3

・右側の 3 つが上から順に 4 ～ 6

この番号規則にしたがって，各状態の番号と対応するシステム発話を定義する．システム発話はその状態へ遷移したタイミングで発話されるものとする．また，開始状態と終了状態も定義しておく．

........................................
[18] 例えば，『Python でつくる対話システム』（オーム社刊）に強化学習による方法の実装例がある．

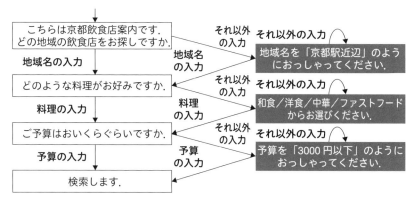

図 **5.9** 飲食店案内の FSA

```
1   # 状態の定義
2
3   # 状態番号, 対応するシステム発話
4   states = [
5     [0, 'こんにちは. 京都飲食店案内です. どの地域の飲食店をお探しですか. '],
6     [1, 'どのような料理がお好みですか. '],
7     [2, 'ご予算はおいくらぐらいですか. '],
8     [3, '検索します. '],
9     [4, '地域名を「京都駅近辺のようにおっしゃってください. '],
10    [5, '和食／洋食／中華・ファストフードからお選びください. '],
11    [6, '予算を「3000円以下」のようにおっしゃってください. ']
12  ]
13
14  # 開始状態
15  start_state = 0
16
17  # 終了状態
18  end_state = 3
```

　続いて, 遷移を定義する. ここで遷移の情報は, 1つあたり, 遷移元と遷移先の状態番号, 条件となるユーザ発話の情報で構成される. また, ユーザ発話の情報は, 言語理解で設計したスロット名 (place や genre など) とする. 遷移の条件判定は先に記述されているものから行われる. したがって, 最初の2つの遷移はどちらも遷移元が0番の状態であるが, 1つ目の状態遷移の条件が確認されてから, それを満たさないときに2つ目が確認される. 以下の遷移条件の "None" は, それより上の条件にマッチしなかった

場合の "それ以外の入力" に相当する．つまり，状態番号が 0 のとき，1 つ目の状態遷移に該当しなかった場合には，"それ以外の入力" として自動的に 2 番目の遷移が適用されることになる．入力されるスロット値は変数として保存しておく．

```
1   # 遷移の定義
2
3   # 遷移元状態番号, 遷移先状態番号, 遷移条件(スロット名)
4   transitions = [
5       [0, 1, 'place'],
6       [0, 4, None],
7       [1, 2, 'genre'],
8       [1, 5, None],
9       [2, 3, 'budget'],
10      [2, 6, None],
11      [4, 1, 'place'],
12      [4, 4, None],
13      [5, 2, 'genre'],
14      [5, 5, None],
15      [6, 3, 'budget'],
16      [6, 6, None]
17  ]
```

## 状態遷移処理の実装

次に，定義した状態と遷移の情報にもとづいて，対話の制御部分を実装する．具体的には，内部変数として現在の状態番号を保持し，入力であるユーザ発話に応じてシステム発話を出力し，状態を遷移させる．現在の状態は current_state というグローバル変数で管理されているが，クラス実装（dm_fst.py）ではクラス変数としている．

ここで 3 つの関数があるが，このうち，enter 関数はユーザ発話の言語理解の結果を受け取り，状態を遷移させ，システム発話を返すものである．言語理解の結果として複数のスロットの情報を受け取るが，最初のものを使用する．なお，各スロットに関する情報は辞書形式になっている．

```
1   # 現在の内部状態を初期状態にする
2   current_state = start_state
3
4   # 遷移条件にマッチしたユーザ発話を保持する
5   context_user_utterance = []
6
```

```python
7   # 入力であるユーザ発話に応じてシステム発話を出力し，内部状態を遷移させる
8   # ただし，ユーザ発話の情報は「意図，スロット名，スロット値」のlistとする
9   def enter(user_utterance):
10
11      global current_state
12
13      # フレーム名に対して行う
14      # 最初の0番目のindexは1発話に対して複数のスロットが抽出された場合に対応
          するため
15      # ここでは1発話につき1つのフレームしか含まれないという前提
16      input_frame_name = user_utterance[0]['slot_name']
17      input_frame_value = user_utterance[0]['slot_value']
18
19      system_utterance = ""
20
21      # 現在の状態からの遷移に対して入力がマッチするか検索
22      for trans in transitions:
23
24          # 条件の遷移元が現在の状態か
25          if trans[0] == current_state:
26
27              # 無条件に遷移
28              if trans[2] is None:
29                  current_state = trans[1]
30                  system_utterance = get_system_utterance()
31                  break
32
33              # 条件にマッチすれば遷移
34              if trans[2] == input_frame_name:
35                  context_user_utterance.append([input_frame_name,
                      input_frame_value])
36                  current_state = trans[1]
37                  system_utterance = get_system_utterance()
38                  break
39
40      # 修了状態に達したら初期状態へ戻す
41      if current_state == end_state:
42          current_state = start_state
43
44      return system_utterance
```

reset 関数は状態に関する情報をリセットし，初期状態へと戻すものである．

```
1  # 初期状態にリセットする
2  def reset():
3      global current_state
4      current_state = start_state
```

get_system_utterance 関数は，enter 関数内から呼び出されることを想定しており，現在の状態に対応するシステム応答を取得するものである．

```
1  # 指定された状態に対応するシステムの発話を取得
2  def get_system_utterance():
3
4      global current_state
5
6      utterance = ""
7
8      for state_ in states:
9          if current_state == state_[0]:
10             utterance = state_[1]
11
12      return utterance
```

## FSA による方法のテスト

さっそく実装した対話管理をテストしてみよう．状態を初期化し，最初のシステム発話を取得する．

```
1  reset()
2
3  # 初期状態の発話を表示
4  print("システム発話 : " + get_system_utterance())
```

すると，以下の出力が得られる．

システム発話 ： こんにちは.京都飲食店案内です.どの地域の飲食店をお探しですか.

続いて，ユーザ発話の言語理解の結果を擬似的に作成して入力してみる．

```
1  # ユーザ発話を設定
2  user_utterance = [{'slot_name': 'place', 'slot_value': '京都駅周辺'}]
```

```
3   print('ユーザ発話')
4   print(user_utterance)
5
6   print()
7
8   # 次のシステム発話を表示
9   print('システム発話')
10  print(enter(user_utterance))
```

すると，以下の出力が得られ，状態が正しく遷移していることがわかる．

```
ユーザ発話
[{'slot_name': 'place', 'slot_value': '京都駅周辺'}]

システム発話
どのような料理がお好みですか．
```

今度は，想定外の情報を入力してみよう．

```
1   # 誤った発話を入力してみる
2
3   # ユーザ発話を設定
4   user_utterance = [{'slot_name': 'place', 'slot_value': '新宿'}]
5   print('ユーザ発話')
6   print(user_utterance)
7   print()
8
9   # 次のシステム発話を表示
10  print('システム発話')
11  print(enter(user_utterance))
```

すると，以下の出力が得られる．こちらも正しく遷移し，再入力を促す状態へ遷移している．

```
ユーザ発話
[{'slot_name': 'place', 'slot_value': '新宿'}]

システム発話
和食／洋食／中華・ファストフードからお選びください．
```

その後，以下のように最後の状態まで遷移する．

```
1   # ユーザ発話を設定
2   user_utterance = [{'slot_name': 'genre', 'slot_value': '和食'}]
3   print('ユーザ発話')
4   print(user_utterance)
5   print()
6
7   # 次のシステム発話を表示
8   print('システム発話')
9   print(enter(user_utterance))
```

ユーザ発話
[{'slot_name': 'genre', 'slot_value': '和食'}]

システム発話
ご予算はおいくらぐらいですか.

```
1   # ユーザ発話を設定
2   user_utterance = [{'slot_name': 'budget', 'slot_value': '3000 円以下'}]
3   print('ユーザ発話')
4   print(user_utterance)
5   print()
6
7   # 次のシステム発話を表示
8   print('システム発話')
9   print(enter(user_utterance))
```

ユーザ発話
[{'slot_name': 'budget', 'slot_value': '3000 円以下'}]

システム発話
検索します.

## 天気予報案内の実装

次に，天気予報案内を実装してみよう．状態遷移は図 **5.10** のようにする．後は，先の飲食店案内のプログラムをそのまま用いて，状態や状態遷移の定義を書き換えるだけでよい．飲食店案内のときの定義を参考に，読者自ら書き換えてみてほしい．正しく書き換えることができれば，次のような入出力が得られるはずである．

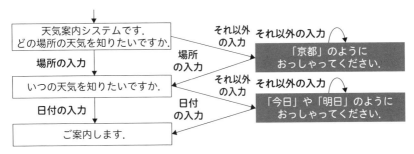

図 5.10 天気予報案内の FSA

```
1   reset()
2
3   # 初期状態の発話を表示
4   print("システム発話 : " + get_system_utterance())
```

システム発話 : 天気案内システムです. どの場所の天気を知りたいですか.

```
1   # ユーザ発話を設定
2   user_utterance = [{'slot_name': 'place', 'slot_value': '京都'}]
3   print('ユーザ発話')
4   print(user_utterance)
5
6   print()
7
8   # 次のシステム発話を表示
9   print('システム発話')
10  print(enter(user_utterance))
```

ユーザ発話
[{'slot_name': 'place', 'slot_value': '京都'}]

システム発話
いつの天気を知りたいですか.

```
1   # 誤った発話を入力してみる
2
```

```
 3    # ユーザ発話を設定
 4    user_utterance = [{'slot_name': 'place', 'slot_value': '東京'}]
 5    print('ユーザ発話')
 6    print(user_utterance)
 7    print()
 8
 9    # 次のシステム発話を表示
10    print('システム発話')
11    print(enter(user_utterance))
```

ユーザ発話
[{'slot_name': 'place', 'slot_value': '東京'}]

システム発話
「今日」や「明日」のようにおっしゃってください.

```
 1    # ユーザ発話を設定
 2    user_utterance = [{'slot_name': 'when', 'slot_value': '明日'}]
 3    print('ユーザ発話')
 4    print(user_utterance)
 5    print()
 6
 7    # 次のシステム発話を表示
 8    print('システム発話')
 9    print(enter(user_utterance))
```

ユーザ発話
[{'slot_name': 'when', 'slot_value': '明日'}]

システム発話
ご案内します.

　以上の FSA による方法はシステム主導の対話をとっており，ユーザが想定どおりの発話をしてくれれば，確実に対話が遷移する．一方，ユーザは 1 つずつ，スロットの情報を発話しなければならない．また，スロットの情報をうまく抽出できない場合，再入力の状態に留まり続けるなど，効率的ではない状況が発生しうる．

## 2. フレームベースの方法の実装

先ほどの音声対話システムを，必要なスロットの情報をフレームによって記述しておくことで，ユーザ発話を柔軟に受け付けられるように改良する．以下で使用するサンプルソースコードを示す．

・dm_frame.ipynb（Jupyter Notebook 形式）

・dm_frame.py（クラス形式）

ここでは飲食店案内において，表 5.3 のフレームを想定することにする．

**表 5.3 飲食店案内のフレーム**

| スロット名 | 制約 |
|---|---|
| 地域 | 必須 |
| ジャンル | 必須 |
| 予算 | 任意 |

すなわち，地域名とジャンルは必須とし，予算は任意とする．地域名とジャンルの情報が得られていない場合はそれら（のうちの 1 つ）を要求し，必須の情報がすべて得られたら対話は完了とする．

### フレームの定義

まずはフレームを定義する．スロット名は言語理解の結果とそれぞれ対応させる．

```
1   # フレームの定義
2
3   # スロット名, 制約
4   frame = [
5       ['place', 'mandatory'],
6       ['genre', 'mandatory'],
7       ['budget', 'optional']
8   ]
```

次に必須の項目に関して，それらを尋ねるシステム発話を定義する．また，最初と最後のシステム発話も特別に定義しておく．ここで，最後のシステム発話は gen_utterance_last 関数において，それまでに抽出されたスロットの情報に応じて生成される．なお，フレームの状態は filled_frame というグローバル変数の辞書形式で管理されているが，クラス実装（dm_frame.py）ではクラス変数として実装されている．

```
1   # 必須項目を尋ねるセリフ
2
```

```
3    # 辞書型でKey をスロット名，Value をセリフにする
4    utterances = {
5        'place': '地域を指定してください',
6        'genre': 'ジャンルを指定してください',
7    }
8
9    # 最初の発話
10   utterance_start = 'こんにちは．京都飲食店案内です．ご質問をどうぞ．'
11
12   # 最後の発話は条件に応じて生成する
13   def gen_utterance_last(filled_frame):
14
15       # Optional である "budget" が埋まっていれば
16       if 'budget' in filled_frame:
17           system_utterance = '地域は%s で，ジャンルは%s，予算は%s ですね．
               検索します．' % (filled_frame['place'], filled_frame['genre'],
               filled_frame['budget'])
18       # "budget" が埋まっていなければ
19       else:
20           system_utterance = '地域は%s で，ジャンルは%s ですね．検索します．' %
               (filled_frame['place'], filled_frame['genre'])
21
22       return system_utterance
```

## フレーム更新処理の実装

　続いて，フレームの状態にもとづいて対話を制御する部分を実装する．すなわち，内部変数として，現在のフレームの状態（スロット値）を保持し，入力であるユーザ発話に応じてフレームの状態を更新し，システム発話を出力する．

　ここでは 2 つの関数を実装するが，このうち enter 関数はユーザ発話の言語理解の結果を受け取り，フレームの状態を更新し，システム発話を返すものである．また，言語理解の結果として，複数のスロットの情報を受け取ることになる．

```
1    # フレームの現在の状態を保持
2    # 辞書型の Key にスロット名，Value にスロット値を格納する
3    filled_frame = {}
4
5    # フレームで必須の情報がすべて埋まったかどうかを保持する
6    mandatory_frame_filled = False
7
```

```
 8    # 入力であるユーザ発話に応じて，フレームの状態を更新し，システム発話を出力する
 9    # ただし，ユーザ発話の情報は「意図，スロット名，スロット値」のlistとする
10    def enter(user_utterance):
11
12        global filled_frame, mandatory_frame_filled
13
14        # 1つのユーザ発話に複数のスロットの値が含まれることもある
15        for slot_user_utterance in user_utterance:
16
17            # スロット名とスロット値を取得
18            input_slot_name = slot_user_utterance['slot_name']
19            input_slot_value = slot_user_utterance['slot_value']
20
21            # フレームの状態を更新
22            filled_frame[input_slot_name] = input_slot_value
23
24        system_utterance = ""
25
26        # 現在のフレームの状態から制約が"mandatory"で不足しているものを探索
27        mandatory_need = False
28        for slot in frame:
29
30            slot_name = slot[0]
31            slot_condition = slot[1]
32
33            if slot_condition == 'mandatory' and slot_name not in
               filled_frame:
34                system_utterance = utterances[slot_name]
35                mandatory_need = True
36                break
37
38        # すべての"mandatory"の要素が埋まっていたら終了
39        if mandatory_need == False:
40
41            # システムの発話を生成
42            system_utterance = gen_utterance_last()
43
44            mandatory_frame_filled = True
45
46        return system_utterance
```

もう 1 つの reset 関数はフレームの状態をリセットするものである.

```
1  # 初期状態にリセットする
2  def reset():
3      global filled_frame, mandatory_frame_filled
4      filled_frame = {}
5      mandatory_frame_filled = False
```

## フレームベースの方法のテスト

実装した対話管理をテストしてみよう. 状態を初期化し, 最初のシステム発話を取得する.

```
1  # フレームの状態をリセット
2  reset()
3
4  # 初期状態の発話を表示
5  print("システム発話 (0)")
6  print(utterance_start)
```

すると, 以下の出力が得られる.

```
システム発話 (0)
こんにちは. 京都飲食店案内です. ご質問をどうぞ.
```

続いて, ユーザ発話の言語理解の結果を擬似的に作成して入力する. ここでは, 必須スロットのうち, 地域 (place) のみを入力することとする.

```
1  # ユーザ発話 (1) を設定
2  user_utterance = [{'slot_name': 'place', 'slot_value': '京都駅周辺'}]
3  print('ユーザ発話␣(1)')
4  print(user_utterance)
5  print()
6
7  # 次のシステム発話を表示
8  print('システム発話␣(1)')
9  print(enter(user_utterance))
```

すると, 次の出力が得られる. すなわち, もう 1 つの必須スロットであるジャンル (genre) を尋ねるシステム発話が生成されている.

```
ユーザ発話 (1)
[{'slot_name': 'place', 'slot_value': '京都駅周辺'}]

システム発話 (1)
ジャンルを指定してください
```

したがって，引き続きジャンルの情報を入力する．

```
 1   # ユーザ発話 (2) を設定
 2   user_utterance = [{'slot_name': 'genre', 'slot_value': '和食'}]
 3   print('ユーザ発話 (2)')
 4   print(user_utterance)
 5   print()
 6
 7   # 次のシステム発話を表示
 8   print('システム発話 (2)')
 9   print(enter(user_utterance))
10
11   if current_frame_filled:
12       print('フレームはすべて埋まりました')
```

すると，以下の出力が得られ，すべての必須スロットが埋められたことがわかる．

```
ユーザ発話 (2)
[{'slot_name': 'genre', 'slot_value': '和食'}]

システム発話 (2)
地域は京都駅周辺で，ジャンルは和食ですね．検索します．
フレームはすべて埋まりました
```

次に，別のパターンの入力を試してみよう．必須ではない予算（budget）について入力する．

```
 1   # フレーム状態をリセット
 2   reset()
 3
 4   # 初期状態の発話を表示
 5   print("システム発話 (0)")
 6   print(utterance_start)
 7   print()
 8
```

```
 9   # ユーザ発話 (1) を設定
10   # 場所と予算を同時に言及
11   user_utterance = [{'slot_name': 'place', 'slot_value': '京都駅周辺'},
       {'slot_name': 'budget', 'slot_value': '5000円'}]
12   print('ユーザ発話 (1)')
13   print(user_utterance)
14   print()
15
16   # 次のシステム発話を表示
17   print('システム発話 (1)')
18   print(enter(user_utterance))
```

すると，以下の出力が得られる．

```
システム発話 (0)
こんにちは．京都飲食店案内です．ご質問をどうぞ．

ユーザ発話 (1)
[{'slot_name': 'place', 'slot_value': '京都駅周辺'},
 {'slot_name': 'budget', 'slot_value': '5000円'}]

システム発話 (1)
ジャンルを指定してください
```

ジャンル（genre）の情報を入力する．

```
 1   # ユーザ発話 (2) を設定
 2   user_utterance = [{'slot_name': 'genre', 'slot_value': '和食'}]
 3   print('ユーザ発話 (2)')
 4   print(user_utterance)
 5   print()
 6
 7   # 次のシステム発話を表示
 8   print('システム発話 (2)')
 9   print(enter(user_utterance))
10
11   if current_frame_filled:
12       print('フレームはすべて埋まりました')
```

次の出力が得られ，予算の情報も最後のシステム発話に反映されていることがわかる．

ユーザ発話 (2)
[{'slot_name': 'genre', 'slot_value': '和食'}]

システム発話 (2)
地域は京都駅周辺で, ジャンルは和食, 予算は5000円ですね. 検索します.
フレームはすべて埋まりました

また, 1つの発話ですべての必須スロットが埋まるパターンを試してみる.

```
1   # フレーム状態をリセット
2   reset()
3
4   # 初期状態の発話を表示
5   print("システム発話 (0)")
6   print(utterance_start)
7   print()
8
9   # ユーザ発話 (1) を設定
10  # 場所とジャンルを同時に言及
11  user_utterance = [{'slot_name': 'place', 'slot_value': '京都駅周辺'},
        {'slot_name': 'genre', 'slot_value': '和食'}]
12  print('ユーザ発話 (1)')
13  print(user_utterance)
14  print()
15
16  # 次のシステム発話を表示
17  print('システム発話 (1)')
18  print(enter(user_utterance))
```

すると, 1つの発話ですべての必須スロットが埋まったことがわかる.

システム発話 (0)
こんにちは. 京都飲食店案内です. ご質問をどうぞ.

ユーザ発話 (1)
[{'slot_name': 'place', 'slot_value': '京都駅周辺'},
 {'slot_name': 'genre', 'slot_value': '和食'}]

システム発話 (1)
地域は京都駅周辺で, ジャンルは和食ですね. 検索します.

　以上から，フレームベースの方法のほうが，FSA による方法のときよりも必要なターン数が少なくなる傾向がみてとれる．一方で，フレームベースのモデルでは，システムに慣れていないユーザにとっては最初に何を発話すればよいのかがわかりづらくなってしまう可能性があるため，最初のシステム発話において工夫が必要である．説明は割愛するが，もう一方の天気予報案内についてもフレームベースの方法を実装してみてほしい．

# 第6章

# end-to-end モデルによる
# 応答生成

　本章では，入力されたユーザ発話からシステム発話を直接生成する end-to-end（一気通貫）な方法による応答生成について述べる．このような **end-to-end モデル**による応答生成は，用例にもとづいて応答を検索する方法（**用例ベース**（example base））と，応答を直接生成する方法（**生成ベース**（generation base））にさらに大別される．用例ベースは，そのシンプルさと動作の確実性から既存の音声対話システムで広く用いられている．一方，最近では大規模なテキスト対話データセットが整備されており，より柔軟な応答生成が可能であるニューラルネットワークを用いた生成ベースの方法が盛んに研究されている．ここで扱われる対話タスクは主に雑談であり，前章までのものと比較して，**非タスク指向対話**（non-task-oriented dialog）と呼ばれている．

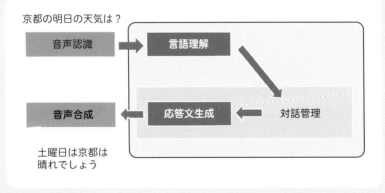

図 6.1　音声対話システムにおける end-to-end 応答生成の位置付け

## 6.1

# 用例データベースを用いた応答検索

　音声対話システムにおける用例（example）とは「こう聞かれたら，こう答える」といった想定問答集のようなものである．従来の具体的な例としては，Web サイトに掲載されている FAQ（frequently asked questions）があげられる．

　図 **6.2** に用例データベース（example database）を用いた応答検索（用例ベース）の処理の流れを示す．想定されるユーザ発話とそれに対応するシステム応答のペアをあらかじめ用意しておき，ユーザ発話が入力されると，これに類似した想定ユーザ発話を検索する．検索には，例えば発話中の単語の順番は考慮せずに，単語の出現回数のみを考慮してベクトル化する **BoW** 表現（4.3.1 項参照）にもとづいて，ユーザ発話のベクトルと想定ユーザ発話のベクトルのコサイン類似度を計算するという手法を用いることができる．あるいは，BoW 表現にかわって，単語を高次元の実数ベクトルで表現する分散表現（word2vec，4.4.1 項参照）を用いれば，単語の意味的な類似性も考慮することができる．このほか，入力されたユーザ発話と応答候補であるシステム発話との適合度を直接算出する方法も考え

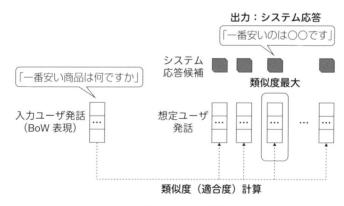

図 **6.2**　用例ベースの処理の流れ

られる．ただし，この場合はユーザ発話に類似する発話をオウム返しするのみになりがちである．

　用例ベースでも，後述の生成ベースのようにニューラルネットワークを利用する研究が進められている[1]．例えば，ユーザ発話と応答候補を連結させたものを RNN へ入力し，各 RNN の隠れ層の出力の平均をとることで固定長のベクトルに変換する．そして，そのベクトルを線形層へ入力して類似度（適合度）を計算するという方法が提案されている．また，RNN のような自己回帰型（autoregressive）※1のものではなく，非自己回帰型（non-auto regressive）のトランスフォーマ（transformer）を用いることでより長期の文脈を捉えられるようになっている[2]．

　用例データベースを実装する方法としては，**AIML**（artificial intelligence markup language）がよく用いられてきた．AIML で記述した情報にもとづいて Python で対話を実行することもできる※2．また，クラウドベースの実装ツールである Dialogflow でも用例データベースにもとづく対話システムを構築することができる（付録参照）．

　用例ベースでは，用例として登録されているシステム発話をシステムがそのまま発話するため，後述の生成ベースのようにシステムが不適切な発話をするリスクが低い．したがって，質が保証された応答が求められる実用的なシステムでは，この方式が採用されることがほとんどである．しかしその一方で，システム発話の多様性という観点では限定されているといえるが，第 7 章で述べる音声合成において，システム発話があらかじめ決まっているため，音声合成の質を調整しておくことができる．さらに，感情的あるいは共感的なシステム発話の場合などは，あらかじめ録音しておいたシステム発話の音声を再生することも可能になる．その一方で，用例が増加した場合はその管理が大変である．また，システム発話を具体的にすればするほど，不適当な用例を選択して発話した場合のリスクが大きくなる．

------

※1 ある時点 $t$ の出力が $t$ よりも前の時刻の出力に依存するモデルのこと．直近の出力に依存するため長期の文脈を捉えるのは難しい．

※2 PyAIML `https://github.com/cdwfs/pyaiml` （2022 年 9 月確認）

## ﾟｗ■ 6.2

# seq-to-seq 型ニューラルネットワークによる応答生成

　研究レベルやチャットボットサービスでは，**seq-to-seq** 型ニューラルネットワーク（sequence-to-sequence neural network）による生成ベースの方法が盛んに検討されている．生成ベースとは，入力されるユーザ発話にもとづいて，システムの応答文を直接生成するものを指す．前節の用例ベースでは用例データベースを構築するのに対して，用例を学習データとして用いて応答文を生成するモデルを学習する．システム応答文が固定されているわけではないため挙動がブラックボックスになってしまうが，十分な量かつ適切な品質の学習データが確保できれば多様で頑健な応答生成が期待できる．

### 6.2.1 **RNN 型応答生成モデル**

　図 **6.3** に生成ベースの方法のうち，RNN によるシンプルなモデル[3]における処理の流れを示す．入力されるユーザ発話の単語系列を one-hot 表現，またはword2vec などによる分散表現として RNN へ入力し，すべての単語を入力した後に，システム発話の単語系列を 1 単語ずつ出力する．RNN へ入力する部分をエンコーダ，システム発話の単語系列を出力する部分をデコーダと呼ぶ．ここで，デ

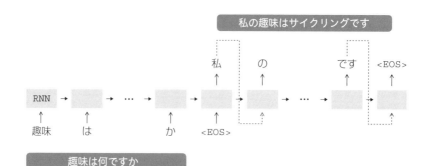

図 **6.3**　seq-to-seq モデルによる応答生成
（<EOS>は発話の終了を表す特殊記号）

表 **6.1** RNN によるニューラル会話モデル[3] の対話例の一部
(S：システム，U：ユーザ，かっこ内は筆者らによる日本語訳)

| 話者 | 発話内容 |
|---|---|
| U | Hello! (こんにちは) |
| S | Hello! (こんにちは) |
| U | How are you? (お元気ですか？) |
| S | I'm good. (元気です) |
| U | What's your name? (あなたのお名前は何ですか？) |
| S | I'm Julia. (ジュリアです) |
| U | When were you born? (いつ生まれましたか？) |
| S | July 20th. (7 月 20 日です) |
| U | What year were you born? (何年に生まれましたか？) |
| S | 1977. (1977 年です) |
| U | Where are you from? (出身はどこですか？) |
| S | I'm out in the boonies. (ど田舎です) |

コーダで出力する際に，1 つ前に出力した単語をまた RNN へ入力する．デコーダ
の出力は単語の生成確率であり，RNN への以後の入力単語を決めるため，最尤の
単語をサンプリングするか，複数の仮説を保持してビームサーチ（3.1.5 項参照）
を行う必要がある．

　このモデルによる対話例[3] を表 **6.1** に示す．このモデルは，シンプルながら，
学習データ内の人間の応答を機械が模倣しているようにみえる結果が得られたため
話題となり，その後のニューラルネットワークによる生成ベースの研究開発の火付
け役となった．なお，このモデルが提案された当時には IT ヘルプ応対の対話デー
タセットや映画の字幕データセット（OpenSubtitles，後述）が用いられていた．

　上記のモデルは各ターンにおいて入力と出力の 1 対 1 の発話のみを考慮して
いたが，ほぼ同時期に提案されたモデルには対話の文脈を考慮したものもある．
**HRED**（hierarchical recurrent encoder-decoder）[4]（図 **6.4**）は，エンコーダと
デコーダの間に別の RNN を階層的に挿入する．この RNN はターンごとに更新
される．エンコーダやデコーダの RNN が各発話を考慮した局所的なものである
のに対して，この新たに導入された RNN は対話全体を考慮する大局的なもので
ある．すなわち，デコーダにおいて各単語を出力する際に，直前に出力した単語
の情報だけでなく，大局的な RNN の情報も参照する．しかしながら，HRED は
会話の流れを決定論的に学習するものである．つまり，ある入力が与えられたと

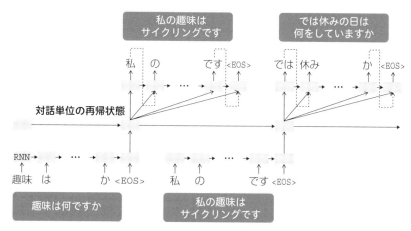

図 **6.4** HRED 応答生成モデル

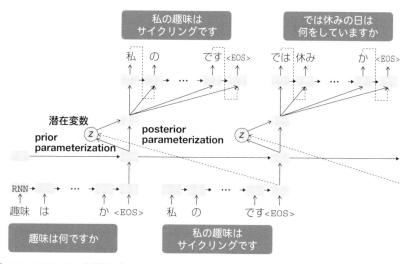

図 **6.5** VHRED 応答生成モデル
（応答生成（推論）時は実線の prior parameterization が，モデルの学習時は
点線の posterior parameterization がそれぞれ用いられる）

き，それに対する応答の多様性を考慮することができない．結果として，後述す
るように無難な応答が生成されやすくなってしまう．

そこで，文脈を考慮する RNN において変分オートエンコーダ（variational autoen-
coder; VAE）を導入した **VHRED**（variational hierarchical recurrent encoder-

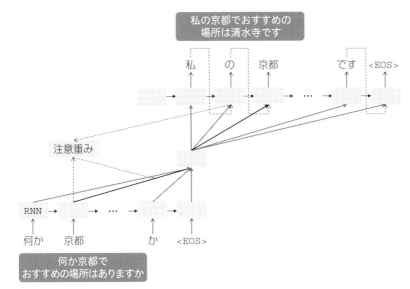

図 **6.6** 注意機構付き応答生成モデル
(図中の注意重みについては，"京都" という単語を生成する際の入力発話中の
"京都" に関する重みの計算過程を表している．同様にしてすべての入力単語
に対して注意重みを計算する．)

decoder) [5,6]（図 **6.5**）が提案された．VHRED では，入力発話と対話の文脈に対
応する RNN から正規分布のパラメータ（平均と分散）を出力する．そして，こ
のパラメータにもとづいて潜在変数 $z$ がサンプリングされ，$z$ と先ほどの RNN の
出力から応答を生成する．このようにシステムへの入力を確率変数の分布として
表現することで，発話の多様性を捉えることができ，結果として具体的で長い応
答が生成されやすくなることが報告されている．

　さらに，デコーダにおいてエンコーダの最後の出力のみを入力とするのではな
く，注意機構（4.4.3 項参照）を用いることで入力発話中のすべての単語を適宜参
照しながら応答の各単語を生成するモデル（注意機構付き応答生成モデル）も提
案されている [7]（図 **6.6**）．具体的には，エンコーダの各単語の中間状態とデコー
ダの中間状態から**注意重み**（attention weight）を計算する．そして，エンコーダ
のすべての単語の中間状態を注意重みにより重み付けしたうえで足し合わせ文脈
ベクトルとし，これにもとづいて応答を生成する．例えば，「何か京都でおすすめ
の場所は」という入力発話に対して，「私の京都でおすすめの場所は清水寺です」

と応答を生成する場合には，応答中の "京都" を生成するときに入力発話中の "京都" の注意重みが大きくなると想定される．

　一方，RNN 型応答生成モデルではさまざまな改良が試みられているものの，いまだいくつかの課題が指摘されている[8]．まず，「そうですね」や「どうでしょう」といった無難な応答（dull response）が生成されやすいことである．また，対話が長くなればなるほど，システム発話の一貫性を保つことが難しくなる．例えば，「私は IT 企業で働いています」と発話した後にこの情報がうまく参照されないと「いまは無職なので仕事を探しています」という応答が生成されてしまうというものである．さらに，別の課題としてシステムの評価方法もあげられる．言語モデルや機械翻訳の研究で用いられてきたパープレキシティや BLEU（8.3.1 項参照）のような客観指標では評価が困難である．つまり，そもそも対話の応答には多様性があり正解の応答が唯一ではない．したがって，人手による主観評価が必要である．

## 6.2.2　トランスフォーマ型応答生成モデル

　RNN 型応答生成モデルは長期的な文脈を捉えることが難しく，無難な応答が生成されやすい傾向があった．この課題を克服するモデルとして，最近では非自己再帰型（non-autoregressive）のトランスフォーマによる応答生成に注目が集まっている．図 6.7 にトランスフォーマ型応答生成モデルの典型的な構成であるエンコーダ–デコーダモデル（encoder–decoder model）を示す．まずエンコーダでは，自己注意機構を用いて入力発話の情報をエンコードする．次にデコーダでは，エンコードされた情報を用いて，左から右への単方向（left-to-right）の注意機構を用いて応答文の各単語を順に生成する．

　最近では，トランスフォーマの層やユニットの数を増やし，より大規模なモデルを大規模な対話データセットで学習することが試みられている．また，**GPT-2**[※3]，GPT-3 のように，トランスフォーマのデコーダのみを用いて，ユーザ発話を履歴として入力するだけで自然な応答を生成するものも構築されている（図 6.8）．さらに，これらをファインチューニングすることも行われている．例えば，**DialoGPT**[9]は，GPT-2 をベースとしており，最大で 36 層，1 280 次元のトランスフォーマが用いられている．後述する Reddit データセットを用いてファインチューニング

　　[※3] 12〜48 層，768〜1 600 次元のトランスフォーマのデコーダで構成されるモデル．800 万文書のデータ（40 GB）で事前学習が行われている．

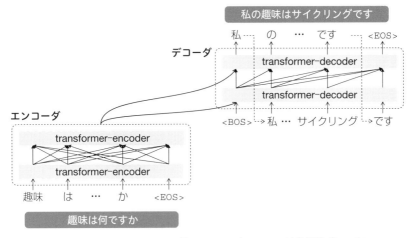

図 **6.7** トランスフォーマ型エンコーダ–デコーダ応答生成モデル

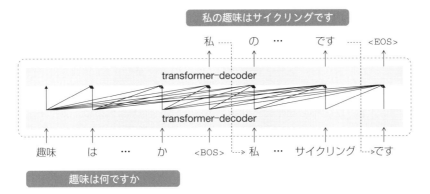

図 **6.8** トランスフォーマのデコーダのみを用いる応答生成モデル

が行われている．表 **6.2** にその対話例を示す．ユーザのあいまいな内容の発話に対しても，ウィットに富んだ応答を生成することができている．この対話モデルは，人手による主観評価により，1 発話対のみの対話（single-turn dialogue）が対象ではあるが，人間による応答と同程度のスコアを得ることが示されている．

　**Meena**[10] はエンコーダが 1 層，デコーダが 13 層で，2560 次元のトランスフォーマであり，Web から収集された 400 億語の対話データで学習されている．さらに，**SSA**（sensibleness and specificity average，**意味性・具体性平均**）という新たな評価指標もこの Meena に関する研究において提案されている．

表 **6.2**　DialoGPT[9] の対話例
（S：システム，U：ユーザ，かっこ内は筆者らによる日本語訳）

| 話者 | 発話内容 |
|---|---|
| U | Does money buy happiness?（お金で幸せは買えるのでしょうか？） |
| S | Depends how much money you spend on it.（どれだけお金をかけるかによります） |
| U | What is the best way to buy happiness?（幸せを買うもっともよい方法はなんでしょうか？） |
| S | You just have to be a millionaire by your early 20s, then you can be happy.（20 代前半までに億万長者になれば幸せになれますよ） |
| U | This is so difficult!（難しすぎます！） |
| S | You have no idea how hard it is to be a millionaire and happy.  There is a reason the rich have a lot of money.（億万長者になって幸せになることがどれほど大変なことか，あなたは知らないでしょう．金持ちが金持ちであるのには理由があります） |

**BlenderBot**[11] は最大でエンコーダが 4 層，デコーダが 32 層，4 096 次元のトランスフォーマであり，事前学習に Reddit データセットからの約 15 億発話が用いられている．さらに，ファインチューニングのデータセットにおいて，Wizard-of-Wikipedia（後述）や EmpatheticDialogues（後述）といった性質が異なる対話データセットを混合することで，生成される応答の具体性を高め，カバーする対話の範囲を広げることに成功している．

　以上のように使用されるトランスフォーマのパラメータ数は年々増加している．これに応じてデータセットもサイズだけでなく，その多様性も広がっていくと考えられる．

## 6.2.3　日本語の応答生成モデル

　日本語の応答生成モデルとして，チャットボットの性能を競うコンペティションである「対話システムライブコンペティション 4」（2021 年 11 月開催）[12] で好成績を収めた上位 2 つのシステムについて紹介する．

　NTT コミュニケーション科学基礎研究所のチームによるモデルでは，BlenderBot のモデルを参考に，エンコーダが 2 層，デコーダが 24 層，1 920 次元のトランスフォーマが用いられている[13]．また，事前学習には Twitter から収集したツイートとリプライ（返信）のペア約 25 億件分が，ファインチューニングには日本語版

の EmpatheticDialogues（後述）や PersonaChat（後述）などからの約 30 万文の
データがそれぞれ用いられている．

　LINE（株）のチームによるモデルでは，GPT-3 [15]）と同様の規模の日本語版モ
デルである **HyperCLOVA** が用いられている [14]）．このモデルでは，対話データ
を用いたファインチューニングは行われておらず，モデルへの入力であるプロン
プト（prompt）にいくつかのショット（shot，例示）を加えている[※4]．例えば，
対話の履歴からユーザのペルソナ（persona）[※5]を抽出する，抽出したペルソナを
使用して応答を生成する，というプロンプトが設計されている[※6]．図 **6.9** にプロン
プトの例を示す．プロンプトの前半には複数のショットが含まれており，後半
には現在の対話の履歴を入力するようになっている．最後に所望の情報（ペルソ
ナや応答文）をデコードする．以上のように，GPT-3 や HyperCLOVA を用いて
応答を生成する場合にはプロンプトをどのように設計するかがポイントとなる．

　上記のうち Hyper CLOVA を用いた対話モデルによる対話ログの一部を**表 6.3**
に示す．このように 10 ターン以上の長い対話であっても文脈を大きく外すことな
く自然な対話ができるようになっている．その一方で，プロンプトにペルソナが
含められてはいるものの，その一貫性を保つことの難しさも窺える．例えば，「本
場の豚骨ラーメン食べてみたい」というシステム発話からしばらくして，「福岡県
出身です」と述べており，矛盾しているようにもみえる．

## 6.2.4 テキスト対話データセット

　ニューラルネットワークによる応答生成モデルを学習するためには，大規模な
テキスト対話データセットが必要である．RNN による初期のモデルが登場して以
降，さまざまなテキスト対話データセットが構築され，モデルの学習に活用され
ている．**表 6.4** に代表的なテキスト対話データセットの情報をまとめる．

　**OpenSubtitles** [16]）は，ドラマ・映画の字幕のデータベースから対話に相当す
る部分を抽出したものであり，60 言語に対応している．**Reddit dataset** [17]）は，
インターネット掲示板でのスレッドを一連の対話とみなして，そこへの書込みを
抽出したものである．これらの対話データセットは必ずしも直接的な対話（質問

---

[※4] このようなシチュエーションを **few-shot** 学習（few-shot learning）と呼ぶ．
[※5] 年齢，出身，趣味などのその人に関する情報のこと．
[※6] このほか，Wikipedia などの外部知識から得られる情報を用いたプロンプトおよびショッ
　　トも実装されている．

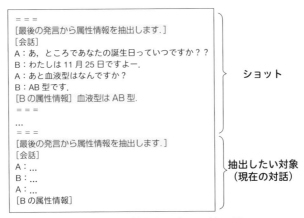

(a) ペルソナを抽出するプロンプトの例

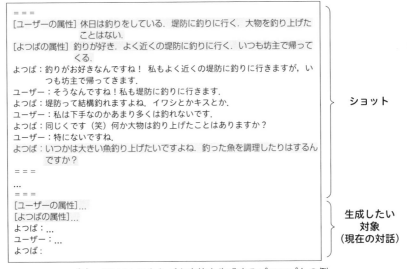

(b) ペルソナにもとづき応答を生成するプロンプトの例

図 **6.9** HyperCLOVA を用いた対話システムにおけるプロンプトの例[14)]

と回答など）になってはいないが，自動的に膨大なデータを収集できることから，大規模モデルの事前学習に用いられることが多い．**Ubuntu dialogue**[18)] はコンピュータの OS（Ubuntu）に関する質問サイトでのやり取りを抽出したものであ

表 **6.3** HyperCLOVA を用いた対話モデル[14] による対話ログの一部
（S：システム，U：ユーザ）

（対話システムライブコンペティション 4 の Web サイトより転載.
https://dialog-system-live-competition.github.io/dslc4/result.html（2022 年 9 月確認））

| 話者 | 発話内容 |
| --- | --- |
| S | 初めまして，私はよつばです！さて，何のお話をしましょうか. |
| U | はじめまして，井上です．最近の天気の話でもどうですか？ |
| S | なるほど，確かにこの時期は雨が降ったり止んだり忙しいですよね. |
| U | 忙しいかな．急に寒くなりましたもんね. |
| S | 寒いですねー．風邪ひかないようにしなきゃいけませんね. |
| U | そうですね．九州の出身なので京都の寒さに慣れないんですよね. |
| S | 福岡県でしたっけ？博多ラーメン美味しいですよね. |
| U | 福岡の隣の佐賀県というところの出身なんですけどね．豚骨ラーメン好きですか？ |
| S | もちろんです！本場の豚骨ラーメン食べてみたいですね. |
| U | いいですよね．この寒い時期は特にいいですよ．ところで，寒くなってきましたが先週動物園に行ったんですよ. |
| S | へえ，どこの動物園へ行かれたんですか？ |
| U | 京都の東山というところにある動物園です．小さい動物園ですけどね. |
| S | そこまで大きくない分，アットホームな感じがしそうですね. |
| U | そうなんですよ．一番驚いたのは麒麟が首の高さから見られるんですよ. |
| S | キリンじゃなくて麒麟ですか？珍しいですね. |
| U | 「麒麟です」 |
| S | なるほどー (笑) 確かにそんな風に言われると不思議な感じがしますね. |
| U | 不思議ですね．ぽっと見ていたら，「麒麟が来る」なんつってね |
| S | うまいなー (笑) さすが関西人ですね. |
| U | 九州出身なんですけどね (笑) |
| S | ははは (笑) 失礼しました. |
| U | ところであなたは出身はどこ？ |
| S | 私は福岡県出身です．博多弁好きですよー. |

る．**DailyDialog**[19] は，オンライン上の英会話学習教材から基礎的な英会話を収集したものである．英会話学習教材であるため，言語表現が比較的平易で統一されており，応答生成モデルを学習しやすいという特徴がある.

最近では，より具体的な応答を生成することを指向して，対話や話者の状況設定などが付与されたデータセットが構築されている．**PersonaChat**[20] は，各話者のプロファイル（ペルソナ）文が与えられた状況での対話を収録している．プロファイル文とは「犬が好き」などのように，その人の属性や趣味・嗜好を表すものである．各対話の参加者に対して 3〜5 個のプロファイル文が付与されている.

表 **6.4**　代表的なテキスト対話データセット

| データセット名 | 性質 | 対話数 | 総発話数 |
|---|---|---|---|
| OpenSubtitles[16] | ドラマ・映画字幕 | 332 000 | 337 000 000 |
| Reddit dataset[17] | ネット掲示板でのやり取り | 256 095 216 | 3 680 746 776 |
| Ubuntu dialogue[18] | OS に関する質問・回答サイト | 930 000 | 7 100 000 |
| DailyDialog[19] | ネット上の英会話学習教材 | 13 118 | 102 980 |
| PersonaChat[20] | プロファイル文（5 文程度）を付与 | 10 981 | 164 356 |
| EmpatheticDialogues[21] | 話者の感情状態（32 種類）と要因を指定 | 24 850 | 107 220 |
| Wizard-of-Wikipedia[22] | Wikipedia を応答生成の情報源に使用 | 22 311 | 201 999 |
| JPersonaChat | 日本語版 PersonaChat | 5 000 | 113 172 |
| JEmpatheticDialogues | 日本語版 EmpatheticDialogues | 20 000 | 119 994 |

**EmpatheticDialogues**[21] は 32 種類の感情ラベルのうちの 1 つとその要因の説明文が与えらえた条件において，その感情を表出する話し手（speaker）と，それに共感を示す聞き手（listener）という役割のもとでの対話を収めたデータセットである．32 種類の感情ラベルには，驚き（surprised），興奮（excited），怒り（angry）などがある．**Wizard-of-Wikipedia**[22] は対話における参照情報として Wikipedia の情報を与えたうえで人手で応答を作成した対話データセットである．ユーザ役とシステム役の 2 名の対話において，ユーザ役が発話を入力すると，その発話内容に関連する Wikipedia の複数のエントリがシステム役へ提示される．システム役は，それらからいくつかを選択したうえで応答を作成する．

　以上で紹介したデータセットはいずれも英語で構築されたものであり，日本語のデータセットは限られている．上記のうち PersonaChat と EmpatheticDialogues は日本語版が作成されている（**JPersonaChat** と **JEmpatheticDialogues**）[※7]．これらはもとの英語のデータを日本語に翻訳したものではなく，同じ設定で日本語話者に対話をしてもらったものである．日本語の対話データセットの構築は今後取り組んでいくべき大きな課題の 1 つである．

---

[※7] https://github.com/nttcslab/japanese-dialog-transformers/blob/main/README-jp.md　（2022 年 9 月確認）

## 6.3

# タスク指向対話における end-to-end モデル

　前章までに述べてきたタスク指向対話（task-oriented dialog）においても end-to-end モデルが適用されつつある．5.3 節で述べたように対話管理は 3 つのサブタスク（対話状態推定，行動選択，応答文生成）で構成されるが，end-to-end モデルでは，対話の履歴を入力として，言語理解などを明示的に経ることなく，上記のサブタスクの出力を直接得ようとする．

　はじめに検討されたモデルはメモリネットワーク（memory network）である[23]．このモデルでは，対話データを符号化したものをメモリとして配置し，そこから入力にマッチするものを注意機構を用いて選択する．また，別のモデルでは，言語理解や対話状態推定などの個々のニューラルネットワークの出力を，ポリシーネットワークと呼ばれるニューラルネットワークで結合し，応答生成への入力とすることで，タスク指向対話における end-to-end モデルを実現している[24]．

　その後，さまざまなモデルが提案されたが，最近ではトランスフォーマを用いたモデルが主流である．そのうちの 1 つである **SimpleTOD**[25] のアーキテクチャを図 **6.10** に示す．このモデルでは，GPT-2 に対して，対話の文脈を入力する．まずはじめに信念状態が出力される．次にその信念状態を用いてデータベース検索が行われ，その結果がモデルへ順次入力される．そして，次のシステムの行動が出力され，最後に応答文が生成される．

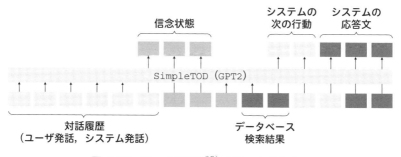

図 **6.10**　SimpleTOD[25] のアーキテクチャ

　これらの一連の研究を後押ししたのはやはり大規模なテキスト対話データセットである．その代表的なものは **MultiWOZ**[26, 27] である．このデータセットは，飲食店案内や列車検索など複数のタスクドメインを対象としたタスク指向対話のデータセットである．単一のドメインのみを扱ったものが 3 406 対話で，最大 5 個のドメインを 1 対話の中で扱ったものが 7 032 対話である．ほかにも対話システムに関する国際コンペティションである Dialogue System Technology Challenge (**DSTC**)[※8]では，非タスク指向対話も含めて，さまざまなテキスト対話データセットが公開されている．前述の MultiWOZ もこのコンペティションにおいて公開されたものである．しかし，end-to-end モデルを研究開発するには大規模なテキスト対話データセットが不可欠であるが，日本語のテキスト対話データセットは少ないのが現状であり，今後取り組んでいくべき明確な課題であるといえる．

## Hands-on　用例ベースの実装

　ここでは用例ベースの end-to-end 応答生成システムを構築しよう．具体的には，想定されるユーザ発話と，それに対応するシステム応答のペアをあらかじめ複数用意しておき，ユーザ発話が入力されたら，最も類似する想定ユーザ発話を検索し，それに対応するシステム応答を出力するモジュールを構築する．なお，ユーザ発話の特徴量の算出には，言語理解の実装と同様に BoW，または学習済み word2vec を用い，類似度の計算にはコサイン類似度を用いることとする．

　以下で使用するサンプルソースコードを示す．

・example_based.ipynb（Jupyter Notebook 形式）

・example_based.py（クラス形式）

## 1. 用例データベースの構築

　まず，必要なライブラリを読み込む．

```
1   # 必要なライブラリを読み込む
2
3   import numpy as np
4   import MeCab
5   from gensim.models import KeyedVectors
```

　次に，想定ユーザ発話と，それに対応するシステム応答のペアデータ（用例データ）を読み込む．このサンプルデータとして，data/example-base-data.csv を用意している．各行が 1 つのペアデータで，想定ユーザ発話とシステム応答がカンマ区切りで記述されており，合計 100 個である．

```
1   # 用例データを読み込む
2   pair_data = []
3   filename = './data/example-base-data.csv'
4   print('Load␣from␣%s' % filename)
5   with open(filename, 'r', encoding='utf8') as f:
6       lines = f.readlines()
7       for line in lines:
8           u1 = line.split(',')[0].strip()
9           u2 = line.split(',')[1].strip()
10          pair_data.append([u1, u2])
11
12          print('%s␣->␣%s' % (u1, u2))
```

以上により，次の用例データが表示される．

```
Load from ./data/example-base-data.csv
こんにちは -> こんにちは
趣味は何ですか -> 趣味はスポーツ観戦です
好きな食べ物は何ですか -> りんごです
一番安い商品はなんですか -> 一番安いのはもやしです
最近食べた料理はなんですか -> 最近食べたのはラーメンです
...
好きなお祭りは何ですか -> 好きな祭りは祇園祭です
好きな天気は何ですか -> 好きな天気は雪です
好きな元素は何ですか -> 好きな元素は水素です
好きな数式は何ですか -> 好きな数式はオイラーの公式です
好きなプログラミング言語は何ですか -> 好きなプログラミング言語はPython です
```

　続いて，各発話の単語をフィルタリング（filtering）する．すなわち，用例の検索時においては，助詞などの機能語はどの発話にも含まれるため，冗長となる．そこで MeCab の形態素解析結果をもとに，特定の品詞（名詞，形容詞，動詞，感動詞）以外は除外する．

```
1   # 各発話をMeCab で分割しておき，名詞・形容詞・動詞・感動詞のみを用いる
2   def parse_mecab(sentence):
3
```

```
4    m = MeCab.Tagger ("")
5    d_list = m.parse(sentence).strip().split('\n')
6
7    u = []
8    for d in d_list:
9
10       if d.strip() == 'EOS':
11           break
12
13       word = d.split('\t')[0]
14       pos = d.split('\t')[1].split(',')[0]
15
16       if pos in ['名詞', '形容詞', '動詞', '感動詞']:
17           u.append(word)
18
19    return u
```

上記のとおり定義した関数を用いて，読み込んだデータをフィルタリングする．

```
1    pair_data_mecab = []
2    m = MeCab.Tagger ("")
3    # すでに読み込んでいるデータのうち，想定ユーザ発話の各単語をフィルタリングする
4    for d in pair_data:
5        u1 = parse_mecab(d[0])
6        u2 = d[1]
7        pair_data_mecab.append([u1, u2])
8
9        print(d[0])
10       print(u1)
```

これにより次の出力を得る．

```
こんにちは
['こんにちは']
趣味は何ですか
['趣味', '何']
好きな食べ物は何ですか
['好き', '食べ物', '何']
一番安い商品は何ですか
['一番', '安い', '商品', '何']
最近食べた料理は何ですか
```

['最近', '食べ', '料理', '何']
...
1人暮らしですか
['1人暮らし']
普段はどこで食事をしていますか
['普段', 'どこ', '食事', 'し', 'い']
この近くで美味しいラーメン屋はありますか
['近く', '美味しい', 'ラーメン', '屋', 'あり']
学生時代の思い出は何ですか
['学生', '時代', '思い出', '何']
よろしくお願いします
['お願い', 'し']

　続いて，それぞれの想定ユーザ発話に対して，BoW 表現を作成する．この方法は言語理解のときと同様である．

```
1   # 想定ユーザ発話を用いてBoW表現を作成する
2
3   # 学習データの想定ユーザ発話の単語を語彙(カバーする単語)とする
4   word_list = {}
5
6   for each_pair in pair_data_mecab:
7       for word in each_pair[0]:
8           word_list[word] = 1
9
10  # 単語とそのインデックスを作成する
11  word_index = {}
12  for idx, word in enumerate(word_list.keys()):
13      word_index[word] = idx
14
15  # ベクトルの次元数(未知語を扱うためにプラス1とする)
16  vec_len = len(word_list.keys()) + 1
```

　また，単語のリストと BoW 表現の情報を受け取り，特徴量ベクトルを戻り値とする関数を定義する．これも言語理解のときと同様である．

```
1   # 単語の系列とBoW表現を作成するための情報を受け取り，ベクトルを返す関数を定義
    する
2   # 言語理解のときと同じ関数
3   def make_bag_of_words(words, vocab, dim, pos_unk):
4
```

```
5      vec = [0] * dim
6      for w in words:
7
8          # 未知語
9          if w not in vocab:
10             vec[pos_unk] = 1
11
12         # 学習データに含まれる単語
13         else:
14             vec[vocab[w]] = 1
15
16     return vec
```

## 2.　用例検索処理の実装

　次に，入力ユーザ発話と各想定ユーザ発話のペアに対して，それらの類似度を算出する関数を定義する．この関数には，すべての用例データが渡され，コサイン類似度が最も高い想定ユーザ発話に対応するシステム応答が，類似度スコアとともに戻り値となる．

```
1   # 類似度計算
2   # 入力：ユーザ発話の単語の系列と用例データ
3   # 出力：ユーザ発話に最も類似するシステム応答
4   def matching_bagofwords(input_data_mecab, pair_data_mecab):
5
6       # コサイン類似度が最も高いものを採用
7       cos_dist_max = 0.
8       response = None
9
10      # 用例ごとに処理
11      for pair_each in pair_data_mecab:
12
13          # BoW 表現に変換
14          v1 = np.array(make_bag_of_words(input_data_mecab, word_index,
                vec_len, vec_len-1))
15          v2 = np.array(make_bag_of_words(pair_each[0], word_index, vec_len
                , vec_len-1))
16
17          # コサイン類似度を計算
18          cos_sim = np.dot(v1, v2) / (np.linalg.norm(v1) * np.linalg.norm(
                v2))
```

```
19        if cos_dist_max < cos_sim:
20            cos_dist_max = cos_sim
21            response = pair_each[1]
22
23    return response, cos_dist_max
```

## 3. 用例ベースのテスト

以上で用例ベースのシステムが構築できたので，さっそくテストしてみよう．すなわち，入力された発話を単語分割，およびフィルタリングし，用例データとの類似度を算出し，最大類似度に対応するシステム応答を出力する．

```
1   # テスト
2
3   # 入力発話その 1
4   input_data = '趣味は何ですか'
5   input_data_mecab = parse_mecab(input_data)
6
7   response, cos_dist_max = matching_bagofwords(input_data_mecab,
        pair_data_mecab)
8
9   print('入力：%s' % input_data)
10  print('応答：%s' % response)
11  print('類似度：%.3f' % cos_dist_max)
12  print()
13
14  # 入力発話その 2
15  input_data = '最近面白かったものは何ですか'
16  input_data_mecab = parse_mecab(input_data)
17
18  response, cos_dist_max = matching_bagofwords(input_data_mecab,
        pair_data_mecab)
19
20  print('入力：%s' % input_data)
21  print('応答：%s' % response)
22  print('類似度：%.3f' % cos_dist_max)
```

実行すると，以下の出力が得られるはずである．

入力：趣味は何ですか
応答：趣味はスポーツ観戦です

類似度：1.000

入力：最近面白かったものは何ですか
応答：最近食べたのはラーメンです
類似度：0.577

　ここで，1 つ目の入力された発話に対しては適切なシステム応答が出力されているが，2 つ目の入力された発話に対しては，不適切な応答が選択されている．

## 4.　word2vec による特徴量抽出

　今度は特徴量抽出に word2vec を用いてみよう．word2vec では単語間の意味的な距離（類似性）を考慮することができるため，BoW 表現よりもより頑健なシステムになることが期待される．学習済み word2vec モデルとして，言語理解の実装でも用いた日本語 Wikipedia エンティティベクトルを用いることとして，これを読み込む．

```
1   # 学習済み word2vec ファイルを読み込む
2   model_filename = './data/entity_vector.model.bin'
3   model_w2v = KeyedVectors.load_word2vec_format(model_filename, binary=True
    )
```

　次に，単語のリストを受け取り，word2vec を用いて各単語をベクトルへ変換し，それらの平均をとって文ベクトルとする関数を定義する．この方法は言語理解と同様である．

```
1   # word2vec で特徴量を作成する関数を定義
2   # ここでは文内の各単語の word2vec を足し合わせたものを文ベクトルとして利用する
3   # 言語理解のときと同じ関数
4   def make_sentence_vec_with_w2v(words, model_w2v):
5
6       sentence_vec = np.zeros(model_w2v.vector_size)
7       num_valid_word = 0
8       for w in words:
9           if w in model_w2v:
10              sentence_vec += model_w2v[w]
11              num_valid_word += 1
12
13      # 有効な単語数で割る
14      sentence_vec /= num_valid_word
15      return sentence_vec
```

ここで，類似度を計算する関数を word2vec 版に置き換える．具体的には，下記の 14,
15 行目を word2vec を呼び出すように書き換える．

```
1   # 類似度計算(Word2vec 版)
2   # 入力:ユーザ発話の単語の系列と用例データ
3   # 出力:ユーザ発話に最も類似するシステム応答
4   def matching_word2vec(input_data_mecab, pair_data_mecab):
5
6       # コサイン類似度が最も高いものを採用
7       cos_dist_max = 0.
8       response = None
9
10      # 用例ごとに処理
11      for pair_each in pair_data_mecab:
12
13          # BoW 表現に変換
14          v1 = make_sentence_vec_with_w2v(input_data_mecab, model_w2v)
15          v2 = make_sentence_vec_with_w2v(pair_each[0], model_w2v)
16
17          # コサイン類似度を計算
18          cos_sim = np.dot(v1, v2) / (np.linalg.norm(v1) * np.linalg.norm(
                v2))
19          if cos_dist_max < cos_sim:
20              cos_dist_max = cos_sim
21              response = pair_each[1]
22
23      return response, cos_dist_max
```

以上で構築できたので，先ほどと同じ入力例でテストしてみよう．

```
1   # テスト
2
3   # 入力発話その 1
4   input_data = '趣味は何ですか'
5   input_data_mecab = parse_mecab(input_data)
6
7   response, cos_dist_max = matching_word2vec(input_data_mecab,
        pair_data_mecab)
8
9   print('入力：%s' % input_data)
10  print('応答：%s' % response)
```

```
11  print('類似度：%.3f' % cos_dist_max)
12  print()
13
14  # 入力発話その2
15  input_data = '最近面白かったものは何ですか'
16  input_data_mecab = parse_mecab(input_data)
17
18  response, cos_dist_max = matching_word2vec(input_data_mecab,
      pair_data_mecab)
19
20  print('入力：%s' % input_data)
21  print('応答：%s' % response)
22  print('類似度：%.3f' % cos_dist_max)
```

実行すると，次の出力が得られるはずである．

```
入力:趣味は何ですか
応答:趣味はスポーツ観戦です
類似度: 1.000

入力:最近面白かったものは何ですか
応答:最近は映画鑑賞にはまっています
類似度: 0.826
```

今度は，2つ目の入力に対しても正しそうな応答を選択できている．word2vec を用いると "面白かった" の意味について，この応答に対応している想定ユーザ発話（「最近はまっていることは何ですか」）に含まれる "はまっている" に近いと判断できているといえる．

ここでは読者の原理の理解を優先してすべて Python で実装したが，実用上は既存の検索エンジンシステム（Elasticsearch※9 など）が活用されることが多い．また，生成ベースを構築するには，大規模なテキスト対話データセットが必要である．本書では割愛するが，学習済みの応答生成モデル（例えば，NTT コミュニケーション科学基礎研究所による日本語 **Transformer Encoder-decoder 対話モデル**※10」）が配布されており，これらを用いれば，生成ベースでどのような応答が出力されるのかを確認することができる．

........................................

※9 https://www.elastic.co/jp/elasticsearch/ （2022 年 9 月確認）
※10 https://github.com/nttcslab/japanese-dialog-transformers/blob/main/
README-jp.md （2022 年 9 月確認）

# 第7章

# 応答文テキストの音声合成

　音声対話システムでは，最終的な応答は基本的に音声で出力される．したがって，音声を出力するモジュールの組込みが必要である．本章では，対話管理および応答文生成から出力されたシステムの応答文から，音声波形を生成する**音声合成**（**TTS**）について述べる．

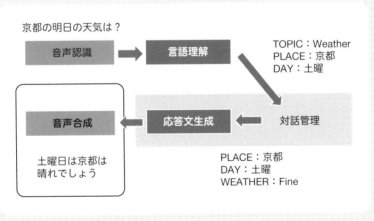

図 **7.1**　音声対話システムにおける音声合成の位置付け

# 7.1

# 音声対話システムにおける音声合成

応答文のパターンがあらかじめ限定されている場合には，それらを人間のナレータが発話した音声をすべて録音しておく**録音再生方式**または**録音編集方式**を用いることができ，電話による**自動音声応答**（interactive voice response; **IVR**）システムなどでは従来から広く用いられている．ただし，場所の名前や商品名（書籍や音楽のタイトルを含む）などの固有名詞の追加がある場合に，同一のナレータにあらためて収録を依頼する必要が生じる．ましてや，応答にデータベースや文書の検索結果を含めたり，応答文そのものを自動生成する場合には，録音編集方式では対応できない．したがって，汎用的な**音声合成エンジン**（TTS engine）と呼ばれるソフトウェアを利用するのが一般的となっている．現在では，一定の品質の音声を迅速に生成できる実用的な音声合成エンジンが利用可能となっている．

ただし，音声対話システムにおいては，応答文テキストを単に読み上げるのではなく，タスク遂行の観点や対話の流れにもとづいて焦点制御を行い，重要な単語，特に確認や応答の主な対象となっている部分を強調することなどが必要である．これは，音声合成エンジンの音量や発話速度などのパラメータを制御することで行うことができる．

さらに，人間らしい音声対話を実現するためには，パラ言語情報や感情を表現する音声を合成できる機能や，相槌（9.3 節参照）やフィラー（9.4 節参照）を生成できる機能も必要と考えられる．**パラ言語**（paralanguage）とは，同じテキストであっても意図によって音声の韻律パターンが異なるものである．例えば，「そうですか」という文も，了解か疑問かによって音声は異なる．さらに，了解の場合もうれしいときと残念なときで異なり，疑問の場合も確認するときと疑念を示すときで異なる．「はい」「うん」などの相槌や，「えーと」「あのー」などのフィラーも通常の音声合成エンジンでは自然でなく，さまざまなバリエーションが求められる．喜怒哀楽の基本感情を込める音声合成エンジンはいくつかリリースされているが，上記のほかの機能は開発途上である．

## ●w■ 7.2

# 音声合成エンジン

　本章では，実用的な音声合成エンジンが利用可能となっている現状を踏まえて，音声合成の詳細な技術には立ち入らず，かわって音声対話システムにおいて既存の音声合成エンジンを利用する際に必要な知識と留意すべき点を述べる．以下，応答文が生成されたとして，音声合成エンジンにおいて，音声波形を得るまでの手順に沿って述べる．

### 7.2.1　形態素解析と読み付与

　まず，応答文のテキストに対して形態素解析を行い，単語列に分解し，品詞情報を付与する（3.2.1 項参照）．音声対話システムの応答文生成の段階で形態素区切りや品詞の情報も保持していることもあるが，形態素の単位や品詞の体系が音声合成エンジンのものと異なる可能性があるので，それらの情報をもたないテキストを与えて音声合成エンジン内で行うことになる．

　音声対話システムの応答ではデータベース検索やテキスト検索の結果をそのまま用いる場合があるが，その場合，「2020/1/1」といった日付表現や「$200」といった金額の表現は適切に処理されない可能性が高い．そのため，「2020 年 1 月 1 日」や「200 ドル」といったように変換する必要がある．このほか，「Tel.」「No.」「(株)」などの省略語についても，正式な単語表記にすることが望ましい．このような処理はテキスト標準化（text normalization）とも呼ばれる．

　読み付与とは，文字列を読み（発音）に変換する処理である．日本語の場合は，ひらがなに変換すれば，音素などの発音記号に一意に変換できる．一方，英語の場合は表記と発音の変換にはあいまい性があり，**grapheme-to-phoneme** と呼ばれている．通常は，単語辞書（word dictionary）に標準的な読みが付与されており，形態素解析と同時に読みも付与される．助詞の「は」や「へ」のように，通常のひらがなと異なる発音をするものもあるが，正しく形態素解析され品詞情報が付与されれば，それに応じた読みが付与される．一方で，出現頻度の低い固有名詞や新語は標準の単語辞書には含まれていない可能性が高く，個別に単語辞書

登録を行う必要がある.

　日本語においては，文字（主として漢字）とその読みとの対応付けが一意に定まらない場合がある．例えば，"市場" は「いちば」とも「しじょう」とも読まれ，文脈によって使い分けられる．しかし，人名（例えば "聡" が「さとる」か「さとし」か）など，前後の文脈からわからない場合もある．正しい読みが付与されない場合は，音声合成エンジンに渡すテキストに読みがなを与えるほかない.

　また，アルファベットで書かれた単語も，一般的でないものには読みを振る必要がある．「DNN（でぃーえぬえぬ）」のようにローマ字を個々に読む場合はそのままでもよいが，「NASA（なさ）」や「VLAN（ぶいらん）」のように，そうではない読み方が一般的になっているものもあり，これらについても単語辞書登録を行う必要がある.

　数字については，"2300" を電話番号のように 1 桁ずつ読み上げるのか，金額のように単位を付けて読むのかがあいまいな場合がある．前者の場合は，「2　3　0　0」のように数字の間に空白を入れておき，後者の場合は「二千三百」のように漢数字に変換しておくと，読み間違いがなくなる.

## 7.2.2　韻律付与

　韻律付与とは，読み以外のアクセント・イントネーションや句境界などの韻律情報を付与する処理のことである．韻律情報に対する発音の情報は**音韻情報**（phonological information）または**音素情報**（phoneme information）と呼ばれることがある．通常は，この処理も音声合成エンジンにデフォルトで含まれているが，読みと同様に，単語辞書にない固有名詞などについては，アクセントに関する情報を明示的に与えておいたほうがよい．これは，単語辞書登録で行えることが多い．なお，複合名詞などにおいて，アクセントが変形する場合（例えば，「京都大学」と「京都大学前」など）があるので，留意する必要がある．さらに，単語より長い単位に関して解析を行い，イントネーションや句境界の情報が付与される.

　また，人間どうしの会話にみられるように，声を大きくして強調したり，ゆっくり話して相手の理解のペースに合わせるなど，韻律情報を制御することで，音声対話によるコミュニケーションをより円滑にできる．これは，音量・ピッチ・発話速度のパラメータを調整することである程度行える.

### 7.2.3 音声合成の方式

　読み（音素情報）と韻律の情報をもとに，実際に音声波形を合成する狭義の音声合成（speech synthesis）の方法論については，時代の変遷を経て発展を遂げ，現在の音声合成エンジンでは以下のいずれかの方式が用いられている．なお，詳細については文献[1-3]などを参照されたい．

#### (1)　素片選択

　素片選択（unit selection）は，録音された音声データベースから入力に合致する音節やその系列などの素片（unit）の波形を抽出して接続する方式である．この方式では，入力の音素・韻律系列から求められる言語特徴量（音素の文脈など）と音響特徴量（基本周波数など）への近さを表す目標コスト（target cost）と，素片の接続の音響的なスムーズさを表す接続コスト（connection cost）の和を最小化するように探索が行われる．原理的に入力テキストに近いパターンの音声が用意されていれば，自然な音声が生成できるが，そのためには，膨大な（10時間以上の）音声データを収録して，音素境界や韻律情報のアノテーションを行う必要がある．したがって，特定の話者の定型的で高品質の音声合成を実現するには確実な方式であるが，話者のバリエーションを増やしたり，感情表現を入れるのは容易でない．

#### (2)　HMM音声合成

　HMM音声合成（HMM-based speech synthesis）は，HMMを音響モデルとして用いて，入力の音素・韻律系列からメルケプストラムや基本周波数などの音響特徴量（パラメータ）を生成する方式である．言語的な特徴量（音素の文脈など）をもとにクラスタリングされたガウス分布を用いて音響特徴量の分布をモデル化・学習する．より一般的には，統計的パラメトリック方式（statistical parametric speech synthesis）と呼ばれ，出力された音響特徴量はボコーダにより音声波形に変換される（図7.2）．ボコーダ（vocoder）は，音声波形と音響特徴量を変換する処理であり，人間の音源や声道のモデル（ソースフィルタモデル（source-filter model））にもとづいて設計されてきた．その代表的なツールとして，STRAIGHT[*1]や

---

[*1] STRAIGHT

　　http://web.wakayama-u.ac.jp/~kawahara/STRAIGHTadv/index_j.html
　　（2022年9月確認）

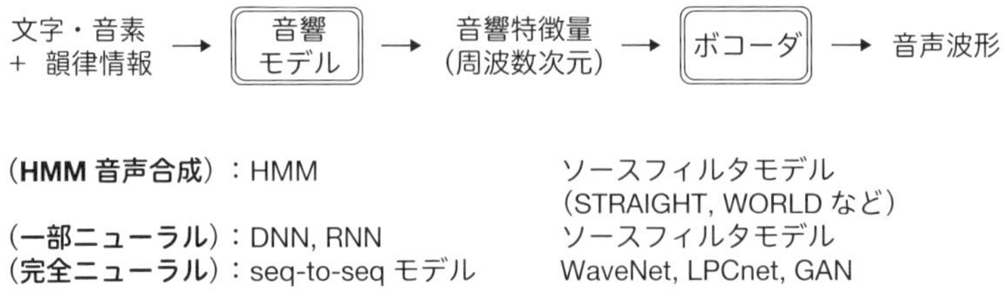

文字・音素
＋ 韻律情報　→　音響モデル　→　音響特徴量（周波数次元）　→　ボコーダ　→　音声波形

（**HMM 音声合成**）：HMM　　　　　　　　　ソースフィルタモデル
　　　　　　　　　　　　　　　　　　　　　　（STRAIGHT, WORLD など）
（**一部ニューラル**）：DNN, RNN　　　　　ソースフィルタモデル
（**完全ニューラル**）：seq-to-seq モデル　WaveNet, LPCnet, GAN

図 **7.2**　統計的パラメトリック方式の流れ

**WORLD**[※2]がある[4,5]．この方式は，パラメータを介するため自然さの点では素片選択より劣るが，比較的少量の音声データで機械学習できることが利点である．また，基本周波数などの韻律特徴量を制御することも容易なため，感情表現などを含むさまざまな音声合成を柔軟に構築することができる．

### ⑶　ニューラルネットワークによる方式

　2010 年代に入り，深層学習の発展にともなって，音声合成においてもニューラルネットワークによるモデルの研究が進められた．まず，従来の統計的パラメトリック方式における HMM による音響モデルをディープニューラルネットワーク（deep neural network; DNN）や RNN に置き換える方式が導入された．この場合も，HMM 音声合成と基本的に同じパラメータ，およびボコーダを用いている．現在の商用の音声合成エンジンでも，この方式が採用されているものがある．

　さらに，個々の音素・フレームごとに予測するのではなく，音素系列全体から音響特徴量，具体的には対数メルフィルタバンクの周波数系列を直接推論する seq-to-seq モデル（系列写像モデル）の研究も行われている．特に，注意機構モデルにもとづくモデルを用いた **Tacotron2** は，後述の WaveNet ボコーダと組み合わせることで，人間の音声と区別するのが困難なレベルの性能を実現した[6]．近年は，より効率的なトランスフォーマにもとづく **FastSpeech2** などのモデル[7]が検討されている．

　また，音響特徴量から音声波形を生成するボコーダについても，ニューラルネットワークの導入が進められている．**WaveNet** は，畳み込みニューラルネットワーク（convolutional neural network; CNN）の拡張である **Dilated Convolution** を

................................................

[※2] WORLD
　　　http://www.kki.yamanashi.ac.jp/~mmorise/world/english/index.html
　　　（2022 年 5 月確認）

用いることで，膨大な時系列データである音声波形をモデル化したものである．この入力に対数メルフィルタバンクなどの音響特徴量を条件付けることで，WaveNetをボコーダとして使用するのが **WaveNet** ボコーダである．さらに効率的なボコーダとして，敵対的生成ネットワーク（generative adversarial network; GAN）にもとづく **MelGAN**，**HifiGAN** や線形予測分析にもとづく **LPCNet**[8] などが提案されている．

　これらを組み合わせることで完全にニューラルネットワークにもとづく音声合成が実現され，素片選択よりも少量のデータで高品質なシステムが構築できる．さらに，話者や感情などのパラメータもネットワークに組み込むことができ，拡張性も高い．実時間で合成するための計算量がボトルネックとなっているが，将来はこの方式が主流になると考えられる．

# Hands-on　クラウド型音声合成の利用

　本章で学習した基礎を踏まえて，クラウド型の音声合成サービスを実際に利用してみよう．ここでは Google Cloud の Text-to-Speech[3] を利用することとする．また，音声合成サービスを呼び出すインタフェースを Python で実装することで，そのほかのモジュールとの連結を容易にする．

## 1.　事前準備

　第 3 章の Hands-on で説明した Google Cloud Platform への登録と，Cloud Text-to-Speech API の有効化はすでになされているものとする．以下の記述にある認証キーについても，第 3 章の Hands-on と同じものを用いることとする．

## 必要な Python パッケージのインストール

　まず，音声合成サービスを呼び出すために必要となる google-cloud-texttospeech をインストールする[4]．

```
> conda install -c conda forge google-cloud-texttospeech
```

---

[3] https://cloud.google.com/text-to-speech 　（2022 年 9 月確認）
[4] pip を用いる場合は，「> pip install --upgrade google-cloud-texttospeech」とする．

次に，ffmpeg[5]をインストールする[6].

```
> conda install -c conda-forge ffmpeg
```

そして，生成した音声データ（mp3 形式）を再生するためのライブラリである pydub
をインストールする[7]. 先にインストールした ffmpeg はこの pydub を動作させるため
に必要なものである.

```
> conda install -c conda-forge pydub
```

## 2. クラウド型音声合成呼出しプログラムの実装

次に，クラウド型の音声合成サービスを用いて，任意のテキストデータから音声波形
データを生成し，それを音声ファイルとして保存・再生してみよう.

以下で使用するサンプルソースコードを示す.

・tts_google.ipynb（Jupyter Notebook 形式）

・tts_google.py（クラス形式）

まず，必要なライブラリを読み込む.

```
1  # 必要なライブラリを読み込む
2  import os
3  from google.cloud import texttospeech
4
5  # 音声ファイルを再生するためのライブラリ
6  from pydub import AudioSegment
7  from pydub.playback import play
```

続いて，音声合成のパラメータを設定する. 特に下記の 9 行目の name 変数の値を，
「ja-JP-Standard-A」や「ja-JP-Wavenet-A」などと変更することで，音声の種類を変え
ることができる. ここで，「Standard」や「Wavenet」は音声波形の生成方式を，「A」は話者
を表す（「A」から「D」までが用意されている）. 特に「Wavenet」は WaveNet ボコーダのこ
とである.「Standard」と「Wavenet」で音質が実際どのように変わるか試してもらいたい.

[5] 一般には，ffmpeg は動画像のエンコード（圧縮符号化）に使用される.

[6] Anaconda を用いない場合，ffmpeg の公式サイト（https://www.ffmpeg.org/（2022
年 9 月確認））から ffmpeg 本体をダウンロードおよびインストールすることになる. こ
の詳細については，インターネットで「ffmpeg インストール」などのキーワードから検索
してほしい. また，その場合には ffmpeg をインストールしたフォルダを環境変数 Path
に追加する必要があることに注意してほしい.

[7] pip を用いる場合は，「> pip install pydub」とする.

```
1  # 認証キーを配置する
2  path_key = './google-credentials.json'
3  os.environ['GOOGLE_APPLICATION_CREDENTIALS'] = path_key
4
5  # 音声合成のパラメータを設定
6  voice = texttospeech.VoiceSelectionParams(
7    language_code='ja-JP',
8    name='ja-JP-Wavenet-A'
9  )
10
11 # 音声の設定
12 audio_config = texttospeech.AudioConfig(
13   audio_encoding=texttospeech.AudioEncoding.MP3,
14   pitch = 0.0
15 )
```

音声合成を行う文章を指定し，音声合成を実行する．そして，生成された音声を mp3 ファイル形式で一時的に保存する．

```
1  # 音声合成を行う文章
2  synthesis_input = texttospeech.SynthesisInput(text='京都大学へようこそ．')
3
4  # 音声合成を実行
5  client = texttospeech.TextToSpeechClient()
6  response = client.synthesize_speech(input=synthesis_input, voice=voice,
     audio_config=audio_config)
7
8  # 合成したデータをmp3 ファイルとして書出し
9  with open('./data/tts-temp.mp3', 'wb') as out:
10   out.write(response.audio_content)
11   print('音声ファイル␣./data/tts-temp.mp3␣を生成しました．')
```

ここで，「音声ファイル ./data/tts-temp.mp3 を生成しました．」というメッセージが表示されれば成功である．最後に，生成された mp3 ファイルを以下のようにして再生してみよう．

```
1  # 音声を再生
2  audio_data = AudioSegment.from_mp3('./data/tts-temp.mp3')
3  play(audio_data)
```

## ［コラム］

## モラルがあるシステムとの対話はつまらない？

　音声対話システムの研究開発者にとって，対話実験でのシステム発話の成否は，まさに一喜一憂である．うまくいかないことのほうが多いので，ユーザの要求に対して見事に応えられたときには，ユーザ以上に感動することがよくある．しかしながら，「人工知能（AI）はあらゆる分野で人間を超えるかもしれない」という認識が一般市民に拡がりつつある昨今では，音声対話システムに寄せられるハードルは高くなる一方である．そのような中，筆者らが前述の傾聴対話システムの対話実験を実施していたときのことである．過去の旅行で残念だったときの話を被験者（ユーザ）がしたのに対して，システムが誤って「素敵ですね」と発話してしまったことがある．筆者らは冷や汗をかいたものだが，なぜそのような発話がなされたかをシステムの動作ログから確認し，ユーザに対して説明することで，事なきを得た．

　一方，今後システムがより複雑になり，研究開発者が個々の発話の原因を説明できなくなった場合はどうなるのだろうか．特に，end-to-end 応答生成モデル（第 6 章参照）ではこの懸念が一層高まるだろう．だからといって，現在の研究開発の流れを止めるわけにもいかないのも実情である．では，どうするべきだろうか．1 つの方向性として，システム自身にモラルを実装することが考えられる．何が正しくて，何がいけないのか，私たち人間は日々議論している．そのようなデータを収集して，システムがモラルを学習することはできないだろうか．

　第 8 章で後述するように，現在の音声対話システムの主な評価項目は楽しさや知的さであり，モラルに関するものは少ない．実際に，最近のチャットボットとの対話は（少なくとも筆者らは）楽しい．では，評価項目にモラルに関するもの（礼儀正しさなど）を加えてみたらどうなるだろうか．当然，この評価項目を改善しようとして，丁寧で礼儀正しい振舞いになるだろうが，上記の「素敵ですね」のような踏み込んだ発話はしなくなるかもしれない．つまり，楽しさとモラルを両立させることが今後の音声対話システムの課題の 1 つといえるだろう．「親しき中にも礼儀あり」ということわざがあるが，このような関係性が理想なのかもれしれない．

# 音声対話システムの評価

　本章では，音声対話システムの評価方法について説明する．一般にシステムはその動作が複雑になればなるほど，性能評価の重要性が増すものであり，音声対話システムでも同様である．はじめに，音声対話システムの評価方法の基本事項について説明する．次に，タスク指向対話と非タスク指向対話のそれぞれで用いられている評価方法について紹介する．

# 8.1

# 評価方法の基本事項

　音声対話システムの評価方法には，大きく分けて客観的なものと主観的なものとがある．それぞれに長所と短所があるため，評価の目的や個々の音声対話システムを適用する対話の性質に応じて使い分ける必要がある．なお，両者を併用することもある．また，客観的な評価方法は，音声対話システムの種類ごとに異なるアプローチとなる（次節以降で解説する）．これに対して，主観的な評価方法は，音声対話システムの種類によらず，ユーザに直接，性能（音声対話の質）を評価してもらうものである[※1]．

　主観的な評価方法には，例えば，ユーザに各音声対話システムの性能を $3 \sim 7$ 段階の点数で示してもらう方法がある．このとき，何段階で評価をしてもらうのが適切かについての検討が必要である．段階を表す点数の選択肢が多いほうが細かく評価できるが，一般に点数の選択肢が多いほど評価の一貫性を保つことが難しくなる．また，より極端な点数（最高点や最低点）がつきにくく，中央値に寄る傾向が強まる．評価項目と照らし合わせて，そもそも細かな点数付けが現実的かについて考える必要がある．さらに，奇数段階にすると，その中央値は「よい／悪いのどちらでもない」を意味することになる．また，性能のよい順で，対象となる各音声対話システムにそれぞれ順位を付けてもらう方法もあるが，この場合，複数で同じ順位を認めるか，あるいは順位が付けられないことを認めるかについても検討が必要である．

## 8.1.1　評価尺度

　一般に評価に用いる基準（評価尺度（evaluation scale））には，名義尺度，順序尺度，間隔尺度，比例尺度がある．それぞれの特性を表 **8.1** にまとめる．**名義尺度**（nominal scale）は印象や感情などのラベルのようなカテゴリに相当するもので，大小関係のようなものはない．また，**順序尺度**（ordinal scale）は，数字の

---

[※1] ユーザだけでなく，第三者に対話を観察および評価してもらう方法もある．

表 **8.1** 尺度の性質と例

| | 性 質 | 例 |
|---|---|---|
| 名義尺度 | カテゴリ | 印象，感情などのラベル |
| 順序尺度 | 大小関係あり | 順位 |
| 間隔尺度 | 大小関係あり，等間隔 | 主観評価などの点数 |
| 比例尺度 | 大小関係あり，等間隔，原点が存在 | 対話時間などの物理的な数値 |

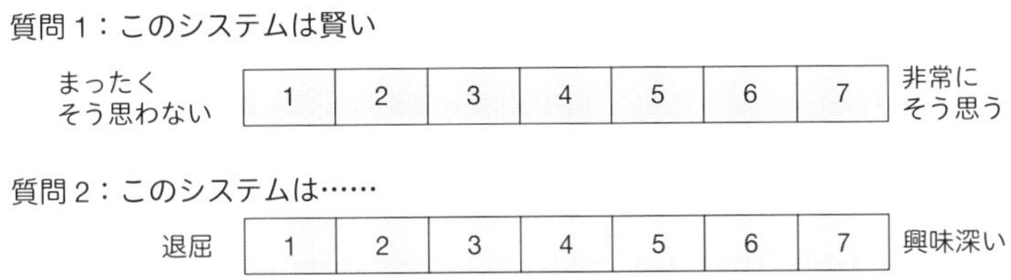

質問1：このシステムは賢い

まったく
そう思わない | 1 | 2 | 3 | 4 | 5 | 6 | 7 | 非常に
そう思う

質問2：このシステムは……

退屈 | 1 | 2 | 3 | 4 | 5 | 6 | 7 | 興味深い

図 **8.1** 評価フォームの例（下は SD 法（後述）による評価）

大小関係には意味があるが，それらの間隔には意味がない．つまり，性能順で順位を付けてもらう場合，1 位と 2 位，2 位と 3 位の性能の差は等しいとは限らない（1 位の性能がほかを引き離している可能性がある）．これに対して，**間隔尺度**（interval scale）と**比例尺度**（ratio scale）では，数字どうしの間隔が等しい．さらに比例尺度は，物理的な数値のようなもので，原点（0）が存在し，原点からの距離にも意味がある．したがって，平均や分散といった統計量にも意味がある．

　実際の音声対話システムの評価実験では，順序尺度と間隔尺度との違いがあいまいなことが多い．図 **8.1** のようにあらかじめ最小と最大の点数に対応する表現をユーザ（評価者）に提示しておき，一方，それらの中間に対応する表現は提示せず，間隔尺度とみなしている．ただし，システム間で平均値を比較（検定）する際には，それぞれが正規性にしたがっているか（すなわち，点数の分布が正規分布にしたがっているか）を確認する必要がある．そうでない場合はノンパラメトリックな検定によって分析することになる．

## 8.1.2 評価項目

　評価実験を実施する際には**評価項目**（evaluation item）を設定しておく必要がある．特に，ユーザ（評価者）による主観的な評価の場合，評価の目的や対話のタスクに応じて適切な評価項目を設定することが重要である．加えて，ユーザにとっ

表 **8.2** 仮想エージェント研究における主要な評価項目[1]

| 項　目 | 説　明 |
|---|---|
| Believability | システムに社会性があるとユーザは信じているか |
| Usability | システムを使用することで労力を軽減できるとユーザは信じているか |
| Performance | システムは，ある対話タスクをうまく実行できたか |
| Likeability | システムにユーザは好感がもてているか |
| Sociability | システムに社交性があるか |
| Personality | 他と区別できる特徴的な性質（個人の特徴付け）をシステムが有しているか |
| User Acceptance | ユーザはシステムと対話をしたいと考えているか |
| Enjoyability | ユーザがシステムとの対話を楽しんでいるか |
| Engagement | ユーザがシステムとの対話に積極的に関与しているか |
| Trust | ユーザがシステムの信頼性・誠実性・能力を信じているか |
| User-Agent Alliance | ユーザとシステムとの間で有益な関係性が構築できているか |
| Attentiveness | システムがユーザに注意を向けているとユーザは感じているか |
| Coherence | システムの対応は論理的で一貫性があるとユーザは感じているか |
| Intentionality | システムは熟考して対応しているとユーザは感じているか |
| Attitude | ユーザはシステムとの対話に好意（または不快）を感じているか |
| Social Presence | システムの社会的な存在をユーザが感じているか |
| Interaction Impact on Self-Image | システムとの対話を通じて，他者のユーザへの認識が変化するとユーザは考えているか |
| Emotional Experience | システムに感情的な知性を感じるか，ユーザの感情がシステムとの対話によって変化するか |
| User-Agent Interplay | ユーザとシステムが相互に影響を与えているか |

てわかりやすく，かつ個人ごとに解釈が異ならない評価項目でなければならない．例えば，仮想エージェントに関する過去の一連の研究を分析したところ，主要な評価項目として表 **8.2** に示す 19 項目が抽出されている[1]．このうち，Performance（性能），Enjoyability（楽しさ），Engagement（関与），Coherence（一貫性）などは音声対話システムの評価でよく用いられている．評価項目の提示方法としては **SD 法**（semantic differential method）がよく用いられる．SD 法は対となる形容詞を並べて，それによって評価してもらう方法である．例えば，上記の例のうち，Enjoyability だと "面白い"–"退屈な"，Engagement だと "積極的"–"消極的" という形容詞対が考えられる．一方，あらかじめ多くの評価項目を設定しておき，評価実験の後にそれらのデータから仮説を立てる方法は **HARKing**（hypothesizing after the results are known）[2] と呼ばれており，実験の信頼性・再現性を損なう

要因となってしまうため，注意が必要である．

### 8.1.3　評価者の属性や特性

　ユーザの主観的な評価にもとづく以上，当然ながら，年齢や性別などのユーザの特性によって評価結果が異なってくる可能性がある．また，使用する音声対話インタフェースにどれくらい慣れているか（習熟度），評価対象の音声対話システムに対してどの程度の対話能力を期待しているかによっても評価結果が異なるだろう．これらのユーザの特性の影響を抑えるためには，評価者を募集する際に，実験の参加要件をあらかじめしぼっておくこと（スクリーニング）が有効である．また，実験開始前に音声インタフェースへの習熟度などを自己評価してもらい，評価結果を分析する際に，それらのデータをもとに複数のグループにユーザを分類することも有効である．

### 8.1.4　被験者配置

　複数の条件を比較したいとき，同一のユーザに両方の条件で実験に参加・評価してもらうか，あるいは，各ユーザに1つの条件にのみ参加・評価してもらうか，の2つの方法が考えられる．前者を**被験者内比較**（within-subject comparison），後者を**被験者間比較**（between-subject comparison）と呼ぶ．特に，音声対話システムの評価実験においては2つの条件間での違いを明確に比較したいことが多く，その場合には被験者内比較のほうが効果的である．しかし，人間は一度対話するとその対話に慣れたり，事前知識が増えたりするので，2回目の対話では音声対話システムへの印象にバイアス（偏り）が生じることがある．

　また，評価結果は，各対話の直後の評価なのか，すべての条件で対話をした後にまとめて行った評価なのかによっても変化する．前者の場合はバイアスが問題となるし，後者の場合は先に行われた対話ほど印象の記憶があいまいになっている可能性がある．このように対話を行う順序によって評価にバイアスが生じることを，**順序効果**（あるいは**持越し効果**）という．順序効果の影響を受けないためには，十分な数の被験者を確保して，被験者間比較を実施することが望ましい．一方，被験者内比較を実施する場合には，対話を行う条件の順序を被験者間でランダムに変更する**カウンタバランス**（counter balance）をとることで順序効果を最小限にとどめる必要がある．あるいは，1回目の対話と2回目の対話の間を，数時間または数日空けることも有効である．

## 8.1.5 倫理的配慮

人間（被験者）と音声対話システムが対話を行う場合には，十分な倫理的配慮が求められる．音声対話システムの不適切な発言によって，被験者に精神的な影響を与えてしまう恐れがある．また，音声対話システムが移動型ロボットである場合には，被験者がけがをしてしまうこともありうる．さらに，対話中に被験者が意図せずに個人情報を話してしまい，その情報が対話データセットなどとして公開されることにより被験者のプライバシーが侵害されてしまう可能性もある．

このようなことを防ぐためには，評価実験の計画において入念に注意を払うだけでなく，客観的な対策を講じることも重要である．すなわち，まず評価実験を開始するにあたって，ユーザに対して実験内容および注意事項を十分に説明しなければならない．この際，口頭での説明のみではなく，文書も合わせて提示するとよい．また，ユーザが精神的・物理的な影響を受ける可能性を感じたときに，すぐに評価実験を中止できるようにしておく．加えて，対話データの取扱方法についても被験者に説明しておかなければならない．つまり，そもそも対話データは収録されるのか，（収録されるのであれば）どのようなデータが収録されるのか，収録されたデータはどこで管理され，誰がアクセスできるのか，それらが公開される場合の条件などを決めておき，あらかじめ被験者からの同意を得ておかなければならない．以上のような倫理的配慮を講じたうえで，大学や研究機関であれば，人間とかかわる実験に求められる倫理審査を受ける必要がある．

さらに，倫理的配慮を意識して日ごろの研究開発を進めていくことも重要である．AIの開発や運用においては，**FAT**（fairness ＝ 公平性，accountability ＝ 説明性，transparency ＝ 透明性）の原則を遵守することが提唱されている．このFATは音声対話システムを実運用する際にも重要であるが，ユーザに音声対話システムの知的さをアピールしようとすると，つい見落としてしまいがちになる．また，6.2節で説明したニューラルネットワークによるend-to-end応答生成では，モデル自体がブラックボックスになっているため，なぜ音声対話システムがそのような発話をしたのかを説明することがしばしば困難になる．しかし，学習データに不適切な例が含まれていたから，といった説明しかできないのであれば，倫理的配慮が不十分であったといわざるをえない．AIの研究開発・実運用における倫理

的ガイドラインに関しては，国内外で動き（10.10 節参照）があり，音声対話システムの研究開発においても注視していく必要がある．

## ⧓▮ 8.2

# タスク指向対話の評価

　タスク指向対話ではタスクが明確であるため，これによって客観的に音声対話システムの性能を評価することが可能である．例えば，飲食店を紹介するタスクであれば，最終的に何らかの飲食店を紹介することができたときに成功とすることで，タスクの成功率を算出することができる．ただし，成功率だけではタスクの実行結果の質については評価できない．そこで，ユーザの対話に対する満足度や音声対話システムの知的さなどをユーザに評価してもらい，客観的な評価方法と主観的な評価方法を組み合わせることが有効である．また，タスク指向対話では，タスクの遂行に要したターン数（発話数）や対話時間によって，対話の効率性を客観的に評価することもできる．そのほか，ユーザ発話に対する応答時間や，ユーザの否定発話（「違います」など）の数なども客観的な評価項目とすることができる．研究開発のサイクルを速めるためには，5.5.4 項で紹介したユーザシミュレータを用いて音声対話システムを評価することが有効であるが，これにはできるだけ実ユーザに近い動作と多様性をシミュレータで再現することがポイントとなる．

　第 4 章と第 5 章で述べた言語理解や対話管理の各モジュールについても評価することができる．言語理解のうち，ドメイン・意図推定ではその正解率，スロット値抽出では F1 スコア（4.5.6 項参照）が評価指標として主に用いられている．対話管理の対話状態追跡では，**joint goal accuracy** が用いられている．これはすべてのスロットが正しい値で埋められたユーザ発話のターンの割合である．

## 8.3

# 非タスク指向対話の評価

　雑談などの非タスク指向対話では目標が明確でないため，そもそもシステムの性能評価自体が難しい．以下では，客観的な評価と主観的な評価に分けて説明するが，効率性を求める場合には前者，質を求める場合には後者が妥当である．

　客観的な評価方法として，前節であげたターン数や対話の長さを利用することも可能である．ただし，非タスク指向対話の場合，対話をなるべく継続することが重要であるともいえる．この場合は，前節の効率性とは逆で，これらの値はできるだけ大きいほうがよいといえる．

　正解といえる応答があるならば，それとの比較によって音声対話システムの性能を客観的に評価することが可能である．例えば，6.1節で説明した用例ベースによる方法であれば，正解である応答の選択率（正解率）で性能を評価できる．また，似たような応答が用例に複数含まれている場合，どちらを選んでも実質的に正解といえるから，情報検索の評価方法と同じように，上位5件あるいは10件以内に正解が含まれていたかを評価指標とすることもできる．

　6.2節で説明したニューラルネットワークによるend-to-end応答生成であれば，生成した文と正解文との類似度で評価することが可能である．8.3.1項以降で非タスク指向対話の客観的な評価方法で実際に用いられているいくつかの指標を紹介するが，それぞれ一長一短があるため，なるべく多くの評価指標を用いて多面的に評価することが重要である．

　これに対して，非タスク指向対話の主観的な評価指標として，例えば，対話システムライブコンペティション3[2]では，次の3項目が5段階で評価されている．

---

[2] https://dialog-system-live-competition.github.io/dslc3/
（2022年9月確認）

- ・自然性　（対話が自然か）
- ・話題追随（ユーザが選択した話題に関して適切に応答できたか）
- ・話題提供（ユーザが選択した話題に関して新たな情報を提供できたか）

また, end-to-end モデルによる応答生成の研究では, fluency（流暢さ）, naturalness（自然さ）, richness（応答の多様性）, relevance（応答の関連性）などが主観的な評価指標として用いられている.

## 8.3.1 **BLEU**

**BLEU**（bilingual evaluation understudy）は, 機械翻訳の性能評価で一般的に用いられている評価指標である. $N$–gram（単語の連鎖）を用いて以下のスコアを算出する.

$$
\text{BLEU}_N = \text{BP} \cdot \exp\left(\sum_{n=1}^{N} w_n \log p_n\right) \tag{8.1}
$$

ここで, BP は生成文が正解文より短い場合のペナルティであり, 生成文が正解文より長い場合（$l_{\text{ref}} < l_{\text{gen}}$）は 1, 短い場合は以下となる.

$$
\text{BP} = \exp\left(1 - \frac{l_{\text{ref}}}{l_{\text{gen}}}\right) \qquad (l_{\text{gen}} < l_{\text{ref}}) \tag{8.2}
$$

$l_{\text{gen}}$ と $l_{\text{ref}}$ は生成文と正解文のそれぞれの長さである. $N$ は考慮する $N$–gram の長さで 4 に, $w_n$ は各 $N$–gram の重みで $\frac{1}{N}$ にされることが多い. また, $p_n$ は生成文内の $N$–gram のうち, 正解文にも含まれるものの種類数[※3]である. BLEU は, その単純さから, 多くの研究開発において基本的な評価項目として用いられている.

## 8.3.2 **ROUGE**

**ROUGE**（recall-oriented understudy for gisting evaluation）は, BLEU が適合率（生成した文の $N$–gram 要素がどれくらい正解文に含まれていたか）を重視した評価指標であるのに対して, 再現率（正解文の $N$–gram 要素をどれくらい生成できていたか）を重視する評価指標である[3]. これにはいくつかの種類が提案されているが, このうち, 例えば ROUGE-N は次を用いてスコアを算出する.

----

[※3] 同じものは 1 回としか数えない.

$$\text{ROUGE}_N = \frac{N_\text{match}}{N_\text{ref}} \tag{8.3}$$

ここで，$N_\text{ref}$ は正解文に含まれる $N$–gram の数，$N_\text{match}$ は正解文と生成文の両方に含まれる $N$–gram の数をそれぞれ表している．式 (8.3) は $N$–gram レベルでの再現率を計算しているといえる．さらに，$N$–gram レベルでの適合率も算出し，これらから F1 スコア（再現率と適合率の調和平均）を求めることも提案されている．

また，ROUGE-L では，**LCS**（longest common subsequence, 最長共通部分列）という概念を用いて，以下のようにスコアを算出する．

$$R = \frac{\text{LCS}(s_\text{ref}, s_\text{gen})}{l_\text{ref}} \tag{8.4}$$

$$P = \frac{\text{LCS}(s_\text{ref}, s_\text{gen})}{l_\text{gen}} \tag{8.5}$$

$$\text{ROUGE} - L = \frac{RP}{(1 - \alpha) R + \alpha P} \tag{8.6}$$

ここで，$s_\text{ref}$ は正解文，$s_\text{gen}$ は生成文，$\alpha$ は調整パラメータを表している．通常は $\alpha = 0.5$ が用いられる．LCS は与えられた 2 つの文中で最長の部分一致の長さを算出する関数である．

### 8.3.3　Distinct

**Distinct** は，複数の生成文で使用した $N$–gram について，その種類数をすべての数で割った値であり，生成される応答の多様さを測る指標である [4]．生成ベースによる方法では，「わかりません」や「どうでしょう」などの無難で単調な応答が生成される傾向があることが課題として指摘されている．これを改善するために，応答の多様さを評価することが求められており，この Distinct などがその評価指標として使用されている．

### 8.3.4　その他

$N$–gram を利用した評価方法には，$N$–gram の表層しか考慮できない（表層が異なるだけで意味が近くても不正解となる），つまり，$N$–gram の完全一致しか考慮できないといった問題点が指摘されている．そこで，発話の意味的な近さを考慮する方法として，**単語埋込み空間**（word embedding space）での距離を計測する手法の導入が検討されている [5,6]．また，BLEU の改良版である **METEOR** [7]

表 **8.3** 東中らによる対話破綻の類型分類[11]

| 大分類 | 小分類 | 内　容 |
|---|---|---|
| 発話 | 構文制約違反 | 構文的な誤り |
|  | 意味制約違反 | 意味的な誤り |
|  | 不適切発話 | 発話としての機能をもたない |
| 応答 | 量の公準違反 | 応答としての情報の過不足 |
|  | 質の公準違反 | 前発話との矛盾 |
|  | 関係の公準違反 | 発話対を形成しない応答（意味的側面も含む） |
|  | 様態の公準違反 | 発話意図があいまい |
|  | 誤解 | 内容の解釈エラー |
| 文脈 | 量の公準違反 | 繰返し |
|  | 質の公準違反 | 文脈との矛盾 |
|  | 関係の公準違反 | 文脈からの飛躍 |
|  | 様態の公準違反 | 発話内容があいまい |
|  | 話題展開への不追随 | 話題展開を無視 |
| 環境 | 無根拠 | 受け入れがたい断定 |
|  | 矛盾 | 一般常識との矛盾 |
|  | 非常識 | 社会規範から外れる発話 |

もよく用いられている.

　一方，これらの非タスク指向対話の客観的な評価指標による評価は，現状では，ユーザによる主観的な評価との相関が十分に高いとはいえない．したがって，基本的にはユーザによる主観的な評価を合わせて行うことが必要となる．また，主観的な評価による評価値を自動で推定する機械学習のモデルの探索も進められている[8-10].

# 8.4

# システム応答の分析

　ユーザによる直接的な評価は十分参考になるものであるが，実際に音声対話システムが発話した内容を客観的に分析することもシステム開発において重要である．例えば，各システム発話について，意味や文脈において破綻（breakdown）を起こしていないかを確認することができる．破綻している応答を同定したら，そ

の応答が出力された要因を特定することで，それを改善することができる．東中ら[11] は，テキストチャットにおける対話破綻について表 **8.3** の分類を提案している．ただし，多くの場合，対話破綻の改善はより高度な言語理解や応答生成を要求するものでもあるため，すぐにできるわけではない．加えて，音声対話においては，音声認識や言語理解における誤り，さらにはユーザの割込み発話も対話破綻の技術的な要因として存在することを考慮する必要がある．

## Hands-on　システム統合

ここでは，前章までに実装してきたモジュールを音声対話システムとして統合する．まず，各モジュールが以下のクラスにおいて実装されていることを確認してほしい．
- 音声認識：GoogleStreamingASR，MicrophoneStream
  （asr_google_streaming_vad.py）
- 言語理解：SluRule（slu_rule.py），SluML（slu_ml.py）
- 対話管理：DmFst（dm_fst.py），DmFrame（dm_frame.py）
- 音声合成：GoogleTextToSpeech（tts_google.py）

### システム 1：ルールベース言語理解＋FSA 対話管理（飲食店案内）

意味フレームを用いたルールベースによる言語理解と FSA による対話管理を用いて，飲食店案内システムを実装しよう．はじめに，実装したライブラリを読み込む．

```
1  from asr_google_streaming_vad import GoogleStreamingASR, MicrophoneStream
2  from tts_google import GoogleTextToSpeech
3  from dm_fst import DmFst
4  from slu_rule import SluRule
```

次に各モジュールを初期化し，呼び出す．

```
1  # 音声認識クラスのパラメータ
2  RATE = 16000
3  CHUNK = int(RATE / 10)  # 100ms
4
5  # 音声合成の初期化
6  tts = GoogleTextToSpeech()
7
8  # 言語理解の初期化
9  slu_parser = SluRule()
```

```
10
11  # 対話管理の初期化
12  dm = DmFst()
```

　そして，以下のループ処理により，ユーザ発話を認識し，言語理解と対話管理へ入力
し，システム発話を得ることで対話を進める．

```
1   # 初期状態の発話
2   system_utterance = dm.get_system_utterance()
3   tts.generate(system_utterance)
4   print("システム：␣" + system_utterance)
5   tts.play()
6
7   # 対話が終了状態に移るまで対話を続ける
8   while(dm.end == False):
9
10      # 音声認識入力を得る
11      micStream = MicrophoneStream(RATE, CHUNK)
12      asrStream = GoogleStreamingASR(RATE, micStream)
13      print('<<<please␣speak>>>')
14      result_asr = asrStream.get_asr_result()
15
16      if hasattr(result_asr, 'alternatives') == False:
17          print('Invalid␣ASR␣input')
18          continue
19
20      result_asr_utterance = result_asr.alternatives[0].transcript
21      print("ユーザ：␣" + result_asr_utterance)
22
23      # 言語理解
24      result_slu = slu_parser.parse_frame(result_asr_utterance)
25      print(result_slu)
26
27      # 対話管理へ入力
28      system_utterance = dm.enter(result_slu)
29      tts.generate(system_utterance)
30      print("システム：␣" + system_utterance)
31      tts.play()
32
33      print()
```

これによって次のような出力が得られる．なお，上記の 25 行目で言語理解の結果も表示するようにしている．

---

システム: こんにちは．京都飲食店案内です．どの地域の飲食店をお探しですか．
<<<please speak>>>
音声パワー: 48.6[dB] 途中結果: 百万遍でお願いしますユーザ: 百万遍でお願いします
[{'intent': None, 'slot_name': 'place', 'slot_value': '百万遍'}]
システム: どのような料理がお好みですか．

<<<please speak>>>
音声パワー: 46.5[dB] ユーザ: 中華料理が食べたい
[{'intent': None, 'slot_name': 'genre', 'slot_value': '中華'}]
システム: ご予算はおいくらぐらいですか．

<<<please speak>>>
音声パワー: 47.5[dB] ユーザ: 2000 円以下でお願いします
[{'intent': None, 'slot_name': 'budget', 'slot_value': '2000 円'}]
システム: 検索します．

---

## システム 2：機械学習言語理解 ＋ フレーム対話管理（飲食店案内）

今度は，言語理解を機械学習（スロット値抽出）によるもの，対話管理をフレームベースによるものにそれぞれ変更してみよう．まず，実装したライブラリを読み込んで，3 行目と 4 行目の内容を次のとおり変更する．

```
1  from asr_google_streaming_vad import GoogleStreamingASR, MicrophoneStream
2  from tts_google import GoogleTextToSpeech
3  from dm_frame import DmFrame
4  from slu_ml import SluML
```

各モジュールを初期化し，呼び出す．

```
1  # 音声認識クラスのパラメータ
2  RATE = 16000
3  CHUNK = int(RATE / 10)  # 100ms
4
5  # 音声合成の初期化
6  tts = GoogleTextToSpeech()
7
8  # 言語理解の初期化
9  slu_parser = SluML()
10
```

```
11   # 対話管理の初期化
12   dm = DmFrame()
```

そして，以下のループ処理により対話を進める．24行目では飲食店案内のデータ（4.5.4項参照）で学習したスロット値抽出モデルを用いるためのメソッド（extract_slot_restaurant）を呼び出している．

```
1   # 初期状態の発話
2   system_utterance = dm.utterance_start
3   tts.generate(system_utterance)
4   print("システム：␣" + system_utterance)
5   tts.play()
6
7   # すべてのフレームが埋まるまで対話を続ける
8   while(dm.current_frame_filled == False):
9
10      # 音声認識入力を得る
11      micStream = MicrophoneStream(RATE, CHUNK)
12      asrStream = GoogleStreamingASR(RATE, micStream)
13      print('<<<please␣speak>>>')
14      result_asr = asrStream.get_asr_result()
15
16      if hasattr(result_asr, 'alternatives') == False:
17          print('Invalid␣ASR␣input')
18          continue
19
20      result_asr_utterance = result_asr.alternatives[0].transcript
21      print("ユーザ：␣" + result_asr_utterance)
22
23      # 言語理解
24      result_slu = slu_parser.extract_slot_restaurant(result_asr_utterance)
25      print(result_slu)
26
27      # 対話管理へ入力
28      system_utterance = dm.enter(result_slu)
29      tts.generate(system_utterance)
30      print("システム：␣" + system_utterance)
31      tts.play()
32
33      print()
```

　これによって次のような出力が得られる．機械学習により，場所とジャンルのスロット値が抽出され，フレームにより1発話で効率よく対話がなされていることに注目してほしい．

---

システム：こんにちは．京都飲食店案内です．ご質問をどうぞ．

<<<please speak>>>

音声パワー：46.1[dB]　途中結果：京都駅の近くで中華料理を探していますユーザ：京都
　駅の近くで中華料理を探しています

```
京都    B-place
駅      I-place
の      I-place
近く    I-place
で      O
中華    B-genre
料理    I-genre
を      O
探し    O
て      O
い      O
ます    O
```

```
[{'intent': '', 'slot_name': 'place', 'slot_value': '京都駅の近く'},
 {'intent': '', 'slot_name': 'genre', 'slot_value': '中華料理'}]
```

システム：地域は京都駅の近くで，ジャンルは中華料理ですね．検索します．

---

　別の実行例を次に示す．こちらでは場所のスロット値が得られたことから，フレームの定義にしたがってジャンルを尋ねている．

---

システム：こんにちは．京都飲食店案内です．ご質問をどうぞ．

<<<please speak>>>

音声パワー：46.8[dB]　途中結果：出町柳周辺で何か美味しいものが食べたいユーザ：出
　町柳周辺で何か美味しいものが食べたい

```
出町柳    B-place
周辺      I-place
で        O
何        O
か        O
美味しい  O
もの      O
が        O
食べ      O
たい      O
```

```
[{'intent': '', 'slot_name': 'place', 'slot_value': '出町柳周辺'}]
システム: ジャンルを指定してください

<<<please speak>>>
音声パワー: 48.7[dB] ユーザ: イタリアンはどうですか
イタリアン  B-genre
は  0
どう  0
です  0
か  0
[{'intent': '', 'slot_name': 'genre', 'slot_value': 'イタリアン'}]
システム: 地域は出町柳周辺で，ジャンルはイタリアンですね. 検索します.
```

## システム 3：機械学習言語理解 + FSA 対話管理（天気予報案内）

さらに，天気予報案内システムも作成してみよう．言語理解は機械学習によるもの，対話管理は FSA によるものを用いる．はじめに，実装したライブラリを読み込む．3 行目で天気予報案内用の対話管理モジュールが読み込まれている．

```
1  from asr_google_streaming_vad import GoogleStreamingASR, MicrophoneStream
2  from tts_google import GoogleTextToSpeech
3  from dm_fst_weather import DmFst
4  from slu_ml import SluML
```

各モジュールを初期化し，呼び出す．

```
1  # 音声認識クラスのパラメータ
2  RATE = 16000
3  CHUNK = int(RATE / 10)  # 100ms
4
5  # 音声合成の初期化
6  tts = GoogleTextToSpeech()
7
8  # 言語理解の初期化
9  slu_parser = SluML()
```

そして，次のループ処理により対話を進める．24 行目では天気予報案内用のメソッド（extract_slot_weather）を呼び出している．

```
1  # 初期状態の発話
2  system_utterance = dm.get_system_utterance()
```

```
 3  tts.generate(system_utterance)
 4  print("システム：␣" + system_utterance)
 5  tts.play()
 6
 7  # 対話が終了状態に移るまで対話を続ける
 8  while(dm.end == False):
 9
10      # 音声認識入力を得る
11      micStream = MicrophoneStream(RATE, CHUNK)
12      asrStream = GoogleStreamingASR(RATE, micStream)
13      print('<<<please␣speak>>>')
14      result_asr = asrStream.get_asr_result()
15
16      if hasattr(result_asr, 'alternatives') == False:
17          print('Invalid␣ASR␣input')
18          continue
19
20      result_asr_utterance = result_asr.alternatives[0].transcript
21      print("ユーザ：␣" + result_asr_utterance)
22
23      # 言語理解
24      result_slu = slu_parser.extract_slot_weather(result_asr_utterance)
25      print(result_slu)
26
27      # 対話管理へ入力
28      system_utterance = dm.enter(result_slu)
29      tts.generate(system_utterance)
30      print("システム：␣" + system_utterance)
31      tts.play()
32
33      print()
```

これによって，次のような出力が得られる．

```
システム：こんにちは．天気案内システムです．どの地域の天気を聞きたいですか．
<<<please speak>>>
音声パワー：53.0[dB] 途中結果：東京の天気を教えてくださいユーザ：東京の天気を教
    えてください
東京　B-place
の　 0
天気　0
```

```
を  0
教え  0
て  0
ください  0
[{'intent': '', 'slot_name': 'place', 'slot_value': '東京'}]
システム: いつの天気を聞きたいですか.

<<<please speak>>>
音声パワー: 50.4[dB] ユーザ: 明日でお願いします
明日  B-when
で  0
お願い  0
し  0
ます  0
[{'intent': '', 'slot_name': 'when', 'slot_value': '明日'}]
システム: ご案内します.
```

## システム4：用例ベースシステム（雑談）

最後に，用例ベースシステムを用いた雑談システムを実装してみよう．はじめに，実装したライブラリを読み込む．3行目で用例ベースシステムのモジュールが読み込まれている．なお，この用例ベースシステムのモジュールでは，特徴量としてBoW表現，またはword2vecの平均ベクトルを用いている．

```
1  from asr_google_streaming_vad import GoogleStreamingASR, MicrophoneStream
2  from tts_google import GoogleTextToSpeech
3  from example_based import ExampleBased
```

各モジュールを初期化し，呼び出す．

```
1  # 音声認識クラスのパラメータ
2  RATE = 16000
3  CHUNK = int(RATE / 10)  # 100ms
4
5  # 音声合成の初期化
6  tts = GoogleTextToSpeech()
7
8  # 対話モデルの初期化
9  example_based = ExampleBased()
```

　用例ベースシステムのモジュールを初期化すると，次のように用例，BoW，word2vec
の情報が表示される．

```
Load from ./data/example-base-data.csv
こんにちは -> こんにちは
趣味は何ですか -> 趣味はスポーツ観戦です
好きな食べ物は何ですか -> りんごです
一番安い商品はなんですか -> 一番安いのはもやしです
最近食べた料理はなんですか -> 最近食べたのはラーメンです
...
1人暮らしですか -> いまは1人で暮らしています
普段はどこで食事をしていますか -> よく行くお店は吉野家です
この近くで美味しいラーメン屋はありますか -> 大学のすぐ横のラーメン屋がおすすめで
    す
学生時代の思い出は何ですか -> みんなで海外旅行に行ったのが思い出です
よろしくお願いします -> よろしくお願いします

bag-of-words の語彙
dict_keys(['こんにちは', '趣味', '何', '好き', '食べ物', '一番', '安い',
    '商品', '最近', '食べ',
...
'食事', 'ラーメン', '屋', '学生', '時代', '思い出', 'お願い'])
bag-of-words の語彙と単語インデクス
{'こんにちは': 0, '趣味': 1, '何': 2, '好き': 3, '食べ物': 4, '一番': 5,
    '安い': 6, '商品': 7, '最近': 8, '食べ': 9, '料理': 10, '出身': 11,
...
'海外': 142, '行っ': 143, 'お菓子': 144, '1人暮らし': 145, '食事': 146,
    'ラーメン': 147, '屋': 148, '学生': 149, '時代': 150, '思い出': 151,
    'お願い': 152}
bag-fo-words の次元数 = 154

word2vec の次元数 = 200
```

　次のループ処理により対話を進める．24 行目で用例の検索を行うが，この際に特徴量
の抽出のために，word2vec の平均ベクトルを用いるメソッド（matching_word2vec）を
呼び出している[4]．

```
1    # ユーザ発話に「終了」が含まれるまで繰り返す
2    while(True):
```

--------

[4] BoW表現を用いたい場合はmatching_bagofwordsメソッドを呼び出せばよい．

```
3
4     # 音声認識入力を得る
5     micStream = MicrophoneStream(RATE, CHUNK)
6     asrStream = GoogleStreamingASR(RATE, micStream)
7     print('<<<please speak>>>')
8     result_asr = asrStream.get_asr_result()
9
10    if hasattr(result_asr, 'alternatives') == False:
11        print('Invalid ASR input')
12        continue
13
14    result_asr_utterance = result_asr.alternatives[0].transcript
15    print("ユーザ：" + result_asr_utterance)
16
17    # ユーザ発話に「終了」が含まれていれば終了
18    if "終了" in result_asr_utterance:
19        print('<<<終了します>>>')
20        break
21
22    # 用例を検索(word2vec 版を使用)
23    result_asr_utterance_mecab = example_based.parse_mecab(
          result_asr_utterance)
24    response, cos_dist_max = example_based.matching_word2vec(
          result_asr_utterance_mecab)
25    print("%s (%.3f)" % (response, cos_dist_max))
26
27    # システム応答を再生
28    tts.generate(response)
29    print("システム：" + response)
30    tts.play()
31
32    print()
```

これによって，次のような出力が得られる．

```
<<<please speak>>>
音声パワー: 52.8[dB] 途中結果: 今日はユーザ: こんにちは
こんにちは (1.000)
システム: こんにちは


<<<please speak>>>
```

音声パワー: 49.6[dB] 途中結果: 趣味は何ですかユーザ: 趣味は何ですか
趣味はスポーツ観戦です (1.000)
システム: 趣味はスポーツ観戦です

<<<please speak>>>
音声パワー: 48.2[dB] 途中結果: 最近面白かったものは何ですかユーザ: 最近面白かっ
　たものは何ですか
最近は映画鑑賞にはまっています (0.826)
システム: 最近は映画鑑賞にはまっています

<<<please speak>>>
音声パワー: 51.9[dB] 途中結果: 終了しますユーザ: 終了します
<<<終了します>>>

　これで，前章までに実装してきたモジュールが音声対話システムとして統合された．
できれば本書で扱っていないほかのタスクやドメインについても実装してみてほしい．
このように音声認識，言語理解，対話管理，音声合成をそれぞれ独立したモジュールとし
て実装することで，それぞれをより高度なものに発展させたい場合に，該当のモジュー
ルのみを更新することで音声対話システム全体としての動作を簡単に確認することが可
能になる．

# 第9章

# 人間らしい対話を実現するための要素技術

　本章では，音声対話システムの今後の研究開発を見据えて，人間らしい対話を実現するための要素技術について述べる．現在の音声対話システムによる対話は，いかにも「システムらしい」対話といわざるをえない．一方，ユーザである人間にとって，最も自然で受け入れやすいインタフェースは「人間らしい」対話である．音声対話システムが今後より社会のさまざまな場面で導入されるようになるためには，人間らしい，自然で円滑な音声対話の実現が欠かせないと筆者らは考えている．まず現在の音声対話システムによる対話と人間どうしの対話とを比較し，その差異について説明する．続いて，この差異を埋めるために必要な要素技術について，筆者らの取組みも含めて解説する．ただし，現在も研究開発が進められている課題が多く，実用レベルには達していないものもあることに留意されたい．

(a) システムとの対話　　　(b) 人間どうしの対話

図 **9.1**　システムとの対話と人間どうしの対話

## ﾟw■ 9.1

# システムとの対話と人間どうしの対話の違い

　現状の音声対話システムとの対話と人間どうしの対話では，何がどう違うのだろうか．これらを比較して表 **9.1** にまとめる．まず，音声対話システムとの対話では，対話のタスクが明確であることが多い．また，基本的に，ユーザは天気や乗換案内など，そのシステムができることをあらかじめ把握していて，発話内容もこれらに即したものであることがほとんどである．一方，人間どうしの対話では，タスクや目的があいまいなことが多い．むしろ，対話を進めることで，対話の目的やゴールを明確化している．実際，日常会話の約 6 割は雑談である[1]と指摘されており，人間は雑談のような目的が不明確な対話と，目的指向の対話を織り交ぜて，社会的な関係性を構築・維持しながら対話を進めているといえる．

　また，ユーザ発話の特徴に目を向けると，音声対話システムとの対話では，コマンド（命令文）などの単純なものをていねいに発話することが多い．つまり，1 つのターンは 1 つの発話／文で構成される傾向にある．さらに，発話のタイミングも明示的であり，音声対話システムから発話受付開始のサイン（電子音や発光など）を示す，ユーザが発話開始ボタンを押す，あるいは，ユーザがマジックワードを発話するなどによって行われている．これに対して，人間どうしの対話では，1 つのターンが複数の発話／文で構成されることが多く，発話のタイミングは非明示的で，聞き手による発話終了予測や相槌，さらには両者の視線といった非言語

表 **9.1**　システムとの対話と人間どうしの対話の比較

| | 対システム | 人間どうし（対面） |
|---|---|---|
| 対話タスク | 明確 | あいまい |
| 発　話 | 単純（主にコマンド） | 1 つのターンに複数の発話／文 |
| 共通基盤 | ほとんどない（直近） | ある（長期） |
| モダリティ | 音声のみ | マルチモーダル |
| 聞き手反応 | なし | 相槌，うなずき，視線など |

的な振舞いによる調整がなされ，円滑なターンテイキングが実現されている．人間どうしの対話におけるターンテイキングの際の沈黙時間は平均で約 200 ミリ秒（約 0.2 秒）[2] といわれており，ユーザが発話を終えてから 1 秒以上の沈黙を空けて発話をし始める現状の音声対話システムとは明らかな違いがある．このようなターンテイキングの振舞いの違いは数ターンのみの対話であればそれほど気にならないが，対話が長くなり，やり取りするターン数が増えれば増えるほど目立つようになり，ユーザが対話を継続しようとする意欲を低下させてしまう．

　次に，対話の文脈についても，音声対話システムとの対話では基本的に（ユーザ名などの登録情報を除いて）前提となるものが直近の履歴に関するものであるのに対して，人間どうしの対話では長期的なものも含めたさまざまな情報が前提としてあるといった違いがある．このように，以前話していた内容や両者の属性・関係性，さらにはニュースや一般常識など，対話に参加している両者の間で前提とされているものを**共通基盤**（common ground）[3] と呼ぶ．共通基盤は固定された静的なものではなく，対話が進められていく中で両者の間で常に更新され，積み重ねられていく動的なものである．これをいいかえれば，よりよい音声対話システムの研究開発には，ユーザとシステムとの間における共通基盤の構築が重要であるといえる．現在，共通基盤を実装した音声対話システムを実現するためのデータセットの構築などが取り組まれている[4,5]．

　また，使用するモダリティについても，音声対話システムとの対話では基本的には音声のみであるのに対して，人間どうしの対面対話では音声のほかに視線やジェスチャなどのマルチモーダルな情報が扱われているという違いがある．このため，音声対話システムとの対話ではユーザはマイクを意識して発話することが多く，人間どうしの相手の表情や振舞いを観察しながら発話するのとは明らかに異なる．

　さらに，話を聞いているときの振舞い（**聞き手反応**（listener behavior））に目を向けると，音声対話システムはユーザが話しているときには基本的には沈黙したままであるのに対し，人間どうしの対話では聞き手は相槌，うなずき，視線（アイコンタクトや視線そらし）などの振舞いを駆使することで，"話を聞いていること" や "話に対して興味をもっている／いないこと" などを対話相手へ伝達しているという違いがある．このような聞き手反応は，人間どうしの対話を円滑，かつ長い時間，継続させる効果をもつとされる．

　以上からわかるように，現在の音声対話システムとの対話と人間どうしの対話

には大きな違いがある．音声対話システムとの対話を人間どうしの対話に少しでも近づけることができれば，人間どうしのように円滑で長い高度な対話（人間らしい対話）が実現ができると期待される．次節以降では，人間らしい対話を実現するための要素技術について紹介する．

　ただし，必ずしも人間どうしの対話のほうがすべての点で音声対話システムとの対話より優れているというわけではなく，逆に音声対話システムとの対話だからこその利点もある．例えば，音声対話システムとの対話には，（人間が相手の場合とは異なり）対話相手に気を使わずに単刀直入に話したり，聞きたいことを何度でも尋ねたりすることができるといった利点がある．

## 9.2

# ターンテイキング

　ターンテイキングとは，現在の話し手（現話者）から次の話し手（次話者）へ発話権が移行する過程を指す．前節で述べたとおり，現状の音声対話システムとの対話と人間どうしの対話では，これが大きく異なっている．発話権（right to speak）は英語ではフロア（floor）といい，話し手が話す権利をもっていると認識している区間を指すと定義される．一方，ターン（turn）はフロアとは異なり，実際に発話した区間を指す．

### 9.2.1　ターンテイキングの状態遷移モデル

　一般的な音声対話システムにおけるターンテイキングの状態遷移モデルについて図 **9.2** に示す[6,7]．各状態遷移において，システムとユーザはそれぞれ以下のいずれかの行動をとる．

① 発話権を取得する
② 発話権を手放す
③ 発話権を取得せずに待つ
④ 発話権を保持する

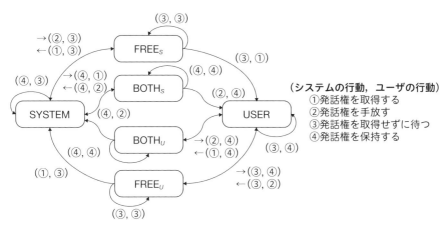

図 **9.2** ターンテイキングの状態遷移モデル[6, 7]
　　　SYSTEM：システムが発話権を保持している状態
　　　USER：ユーザが発話権を保持している状態
　　　FREE：どちらも発話権を保持していない状態
　　　$FREE_s$：システムが直前まで発話し発話権を手放した状態
　　　$FREE_u$：ユーザが直前まで発話し発話権を手放した状態
　　　BOTH：両者が発話権を保持している状態
　　　$BOTH_s$：システムが直前まで発話し現在は両者が発話している状態
　　　$BOTH_u$：ユーザが直前まで発話し，現在は両者が発話している状態

このようなモデルを用いることで，音声対話システムにおけるターンテイキングの個々の振舞いを具体的に記述し，その課題を分割することができる．例えば，ユーザからシステムへ発話権が移行する場面では，図 9.2 で USER → $FREE_U$ → SYSTEM と遷移する．このとき，それぞれの遷移において，ユーザは② → ③，システムは③ → ①，という行為をそれぞれ行っている．また，ユーザが発話しているときにシステムが割り込もうとしたが，結果的にシステムが発話権の取得をあきらめ，ユーザが発話を継続する場面では，図 9.2 で USER → $BOTH_U$ → USER と状態が遷移する．

## 9.2.2　音声対話システムにおけるターンテイキングの実装
　音声対話システムの実装においては，ユーザのターン終了の予測（ターン終了予測（end-of-turn prediction））が最も重要である．

## (1)　タイムアウト方式

　最も単純なターン終了予測の手法は，固定長のポーズ（pause, 沈黙）にもとづく方法である．これをタイムアウト方式（time-out method）という．この方式は，実用的な音声対話システムで多く採用されている．一方，システムが誤ってユーザの発話をさえぎる（割り込む）ことがないよう，基準となるポーズの長さを長め（2 秒など）に設定しなければならないため，ユーザが話し終えてからシステムが発話を開始するまで不自然な間が空いてしまう．

　この不自然な間は，前節で述べたように一問一答型の簡単なやり取りでは問題にならないが，対話が長くなればなるほど対話をぎこちないものとしてしまう．また，ポーズの判定を音響的な情報にもとづいて行うので，周囲で人が話していたり，環境音（車の走行音など）が生じていたりした場合には，誤りが生じ，ターン終了予測の動作が不安定になりがちである．実際，現状の音声対話システムの対話では，音声理解や対話管理の問題以前に，ターンテイキングに失敗して対話がなかなか進行しない，あるいは途中でユーザがあきらめて対話から離脱（dis-engagement）してしまうことがしばしばある．

## (2)　韻律・言語特徴にもとづくターン終了予測

　タイムアウト方式の問題を克服するものとして，先行するユーザ発話の特徴にもとづく予測モデルがこれまでに多く提案されている[7]．モデルの入力には先行するユーザ発話の韻律や言語の特徴，出力にはターンが終了するか否かの 2 値が用いられることが多い．従来は人手による特徴量設計が主であったが，最近では韻律特徴や単語のベクトル表現などの時系列データを，RNN などのニューラルネットワークへ入力して，ターンが終了するか否かを出力するモデルがよく用いられている[8,9]．さらに，ターンテイキングの振舞いは非言語的な振舞いとも相関することが指摘されており，視線[10,11]，呼吸[12,13]，頭部の向き[14] などの情報も特徴量として利用することが，研究レベルで検討されている．

## (3)　ターンテイキングの任意性

　人間のターン終了予測にはある程度の任意性が含まれていることも考慮する必要がある．例えば，5.1.2 項で説明した隣接ペアの概念を思い出してほしい．ユーザの発話が質問の場合には，隣接ペアの第 2 位置として返答が要請されているため，質問が完結していればほとんどの場合，聞き手はターンを取得して返答する

はずである．他方，隣接ペアを構成しないこともありうる発話（例えば，「昨日，大阪へ行きました」という情報提供）の場合には，それまでの対話の履歴にもよるが，ターンを取得する場合とそうでない場合があるだろう．このような任意性の問題もあり，現状の機械学習モデルによるターン終了予測の精度は7割程度にとどまっており，さらに，同じ場面でターン終了予測を人間にさせてみても同程度（あるいはわずかに高い）の精度であることが報告されている[8]．

### (4) ポーズ長の予測

音声対話システムにおいてターンテイキングシステムを実装するためには，ターン終了を2値として予測するだけではなく，実際にどれくらい待機（ポーズ）してからターンを取得するのか（ポーズ長）も決定する必要がある．これには，割込みのリスクを考慮した有限状態遷移モデルの利用が提案されている[6]．また，本書の筆者らは，RNNを用いたターン終了予測モデルを，この有限状態遷移モデルと統合させている[15]．このターンテイキングシステムは，自律型アンドロイドERICAの音声対話システムにおいて実時間で動作している．さらに，このポーズ長の予測自体を，ニューラルネットワークによるターン終了予測モデルに含めるend-to-endモデルも提案されている[16]．

### (5) 割込みなどによるオーバラップ時の対処方法

以上で説明したターン終了予測モデルは，ターンテイキングにおける一部分の状態遷移のみを考慮していることに留意する必要がある（図9.2参照）．つまり，ユーザによる割込みなどによるオーバラップ時（図9.2での状態BOTHₛに対応）の対処方法は別途検討する必要がある．ユーザが発話したらシステム発話を停止するという単純なアルゴリズムでは，例えば，ユーザが相槌（システムのターンの継続を認める意思表示）を打ったときまで，誤ってユーザへ発話権を譲ることになり，対話がスムーズに進行しなくなる．このような問題への対処はターンテイキングにかかわる今後の課題の1つである．

## 9.2.3 多人数対話における受話者推定

1対1の対話ではなく多人数での対話となると，ターンテイキングはより複雑になる．まず現在の発話が誰に対してなされているのかを推定する受話者推定（addressee estimation），つまり，システムの応答義務推定（response obligation estimation）が必要となる．このような多人数対話における受話者の位置付けを考えるうえでは，**参与構造**（participation structure）の考え方が参考になる[3, 17]．図 **9.3** にその概念図を示す．受話者推定は図 9.3 の受話者と傍参与者の区別に相当する．この際，人間は一般に先行発話の音響・言語情報[18]だけでなく，顔や体の向きといったマルチモーダルな情報も受話者推定において活用している[19]．

さらに，街中のように周囲に人がいる場面では，参与者（話者，受話者，傍参与者）と傍観者の区別も必要になるが，傍観者はそもそも発話をしていない可能性が高いので，マルチモーダルな情報が必須となる．例えば，システムの近くに位置し，体もシステムを向いている人は対話に参与している可能性が高いと推定できる[※1]．

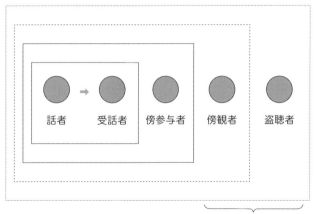

図 **9.3** 多人数対話における参与構造[3, 17]
（対話の参与者（対話に参加している人）は話者（speaker），受話者（addressed recipient），傍参与者（side-participant/unaddressed recipient）で構成される．そのほか，参与者らから認知はされているが，対話への参与を承認されていない傍観者（bystander），参与者らに認知すらされていない盗聴者（eavesdropper）がある）

---

[※1] このような体の位置と方向の関係性にもとづき，その場の領域を分割するうえで，F 陣形[20]の考え方が参考になる．

## 9.3

# 相 槌

相槌とは「うん」「はい」「へー」といった短い感動詞であり，相手のターン中に発話することで，"話を聞いている" "理解している" "共感している" といった聞き手の状態を伝えるものである[21]．前述のとおり，これは対話において相手のターン継続を促すなどの役割も担っており，長い対話になればなるほど，対話を円滑に継続するための重要な振舞いとなる．また，相槌は，「うん」や「はい」などの応答系感動詞（responsive interjection）と，「ふん」や「へー」などの感情表出系感動詞（expressive interjection）の2つに大別できる．さらに，Den らによる聞き手応答の分類[22]も考慮すれば，語彙的応答，評価応答，繰返し，共同補完（completion）[※2]も広義の相槌といえる．各応答の例について，表9.2にまとめる．これらのすべての聞き手応答を適切に使い分けることが人間らしい対話を実現するために重要であるが，以下では応答系感動詞と感情表出系感動詞にしぼったうえで相槌の予測モデルについて説明する．

音声対話システムが相槌を生成する際に予測しなければならない項目は，タイミング，形態（種類），韻律パターンの3つである（図9.4）．このうち，相槌を打つタイミングの予測については多くの研究開発がなされている．それらの典型的な問題設定では，ユーザ発話のポーズを検出した時点で，そのユーザ発話の韻

表 9.2　聞き手応答の分類[22]

| 応答系感動詞 | 「はい」「うん」「ええ」 など |
|---|---|
| 感情表出系感動詞 | 「あー」「へー」「おー」 など |
| 語彙的応答 | 「なるほど」「確かに」「そうですね」 など |
| 評価応答 | 「いいですね」「すごい」「面白い」 など |
| 繰返し | 相手の発話（の一部）の繰返し |
| 共同補完 | 相手の発話に後続すると思われる要素を補う |

---

[※2] 例えば，話し手が「3年前の」と発話した後に，聞き手が「京都旅行ね」と発話した場合など．

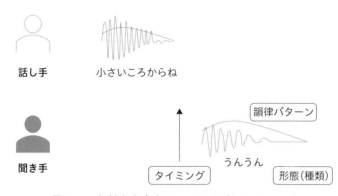

図 **9.4**　相槌を生成するために必要な 3 つの予測

律・言語特徴をもとに相槌を打つか否かを予測する．また，韻律情報として特に基本周波数（$F_0$）が用いられている[23]．さらに，言語情報としては，発話末の品詞情報（part of speech information），および文・節境界といった**統語情報**（syntax information）[※3]が用いられている[24,25]．

　相槌の予測モデルの構築にあたって，初期では分析結果にもとづくヒューリスティック（heuristic, 試行錯誤的な）なルールが用いられていたが[26]，次第に SVM などの機械学習が用いられるようになり，現在では一般にニューラルネットワークが用いられている[8,9]．特に，韻律や言語の時系列情報をそのまま入力とすることができる RNN がよく適用されている[27]．

　一方，相槌の形態（種類）と韻律パターンの予測に関しては，まだ十分な研究がなされていない．このため，音声対話システムの行う相槌のタイミングが適切であっても，毎回同じ形態と韻律パターンであるがために，単調で相手の話を理解していない（聞いていない）ような印象を与えかねない．本書の筆者らは，形態の予測に関して，「うん」「うんうん」「うんうんうん」の応答系感動詞，「へー」の感情表出系感動詞の合計 4 種類を，先行発話の韻律情報および統語情報から予測することに取り組んだ[28,29]．また，韻律パターンについては，先行発話の韻律に同調するように制御する方法を提案している[30]．相槌の形態と韻律パターンの予測については，リアルタイムでの動作を含めて，今後さらなる研究開発が必要である．

# 9.4

# フィラー

フィラー（filler）とは，「あのー」や「えーと」といったいいよどみ表現のこと
をいう．人間どうしの対話では，次の発話内容が明確でなくとも，フィラーを発
話することで発話権を取得し，その後，発話内容を少しずつ生成および発話する
ことがよくある．さらに，発話権を保持している場面において，発話が途切れた
際に相手に発話権を譲らないために，フィラーが用いられる．また，対話途中の
沈黙においてフィラーを挿入することで，対話の気まずさが軽減されることも示
唆されている[31]．

人間どうしの対話におけるフィラーの出現位置については，意味的な切れ目が
強い箇所ほど出現しやすく，また，その後の発話が複雑で長いほど出現しやすい
傾向があることが示されている[32]．また，その種類については，「えーと（ええ
と）」と「あのー」の機能[※4]の区別[33]や，「え」型・指示詞型（「あのー」など）・
「ま」型への整理などが提案されている[34]．本書の筆者らは，「あのー」は質問の
冒頭に，「えーと」は質問に対する回答の冒頭にそれぞれ生起しやすいことを確認
している[35]．

フィラーは音声対話システムには不要に思えるかもしれないが，円滑なターンテ
イキングを実現するためには，適切な種類のフィラーを適切なタイミングで生成す
ることが有効と考えられる（図 9.5）．本書の筆者らの研究グループでも，ターン
テイキングにフィラー生成の機能を統合している[36]．このシステムでは，発話権
を取得するまでに 2 段階のターン終了予測モデルを用いる．1 段階目では，ユー
ザ発話の韻律情報から連続的にユーザのターン終了を予測し，予測したターン終
了のタイミングで早めにフィラーを発話する．続いて，2 段階目で，フィラーの
後にユーザのポーズを検出できれば，実際に発話権を取得するか否かを，ユーザ
発話の言語情報から高精度に予測する．このように，発話権を取得するタイミン

---

[※4]「えーと」は話し手にとって手間のかかる計算や検索などの心的操作が行われているとき，
「あのー」は話し手がより適切な言語表現を選択しているときにそれぞれ用いられること
が指摘されている．

図 **9.5**　ターンテイキングにおけるフィラーの役割
（左から右に時間の経過を表している）

グで早めにフィラーを発話することで，発話権移行の際の不自然な間を解消することができる（図 9.5 でのターン取得部分）．また，システムがフィラーを発話したが，ユーザが発話し続けた場合でも，発話の衝突が起きたとユーザが感じにくく，不自然さを生じさせることなく対話を継続させることができる．

# ))w■ 9.5

# 笑　い

「現在の音声対話システムに足りないものは何か？」と問うと「共感」という答えが一定数返ってくる．音声対話システムにおける共感（empathy）のプロセスは，ユーザの感情の認識とそれに沿ったシステムの感情の表出に大きく分けられる．前者（感情認識）は多くの研究開発がなされているが（9.6 節参照），後者（感情表出）についてはその方法論はまだ検討段階といえる．

　感情表出の 1 つとして，笑い（laughter）[5]があげられる．しかし，音声対話システムが笑いを表出する難易度は高い．まず，笑いを表出するタイミングを認識するには高度な意味理解を要する．さらに，適切なタイミングで笑うことができれば効果的だが，不適切なタイミングで笑ってしまうと対話相手からの印象を大きく損ねる．相槌の場合は，不適切なタイミングが多少あっても，そのほかの相槌

---

[5] ここでの笑いは，単に表情で笑顔を示すだけでなく，声に出して笑う振舞いとする．

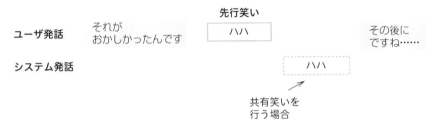

図 9.6　共有笑い生成の問題設定
（左から右に時間の経過を表している）

が適切なタイミングでなされていれば，対話の自然さがある程度保たれる可能性
が高い．しかし，笑いは一度でも不適切なタイミングで行われると致命的である．

　このような理由から，ユーザ発話に対して動的に（状況に即して）笑いを生成す
る音声対話システムは現在のところ，ほぼ皆無である．笑いのタイミングの予測
についても，自然言語処理や会話分析の分野で研究が始まりつつあるがまだ少数
である[37,38]．本書の筆者らは，笑いの中でも共有笑い（shared laughter）[39]に
対象をしぼったうえで，その生成に取り組んでいる[40]．共有笑いとは，対話相手
が笑ったときに，それにつられてもう一方が笑い，結果として両者が笑う場面を
指す．つまり，ここでは，ユーザの笑いを検出し，さらにそれに対してシステムも
笑うか否かを予測している．ユーザが笑ったときに，音声対話システムが一緒に
笑うことができれば，ユーザへの共感につながると考えられる（図 9.6）．また，
すでにユーザが笑っているため，システムが誤って笑った場合でも，その不自然
さを最小限に留めることができる．

　笑いのタイミングを予測するだけでなく，その種類についても適切なものを選
択することが重要である．例えば，ポジティブな内容について話している場面で
は大笑いが適切であるが，ネガティブな内容について話している場面では愛想笑
いが適切であろう[41]．しかし，ユーザ発話を含む対話の文脈に応じて適切な笑い
の種類を自動で選択する方法については，今後の研究開発の課題である．

## ■ 9.6

# ユーザの内部状態推定

　ユーザ発話の表層的な部分だけでなく，その背後にあるユーザの**内部状態**（internal state）を適切に推定し，それに応じた適応的な振舞いを実装することも重要である．人間どうしの対話の場合，対話の状況や相手の感情・立場を理解したうえで反応する，いわゆる "空気を読む" ことがある．現状の音声対話システムには，このような振舞いはまだ難しく，またユーザもそういったことができることを期待していない．しかし見方を変えれば，人間のように "気が利く" 音声対話システムを実現することができれば，音声対話システムに対する信頼感を高めることができ，それによって，社会的な場面に音声対話システムがより導入されるようになっていくだろう．

　音声対話システムにおいて考慮すべきユーザの内部状態として，**感情**（emotion）があげられる．感情は，快／不快の**感情価**（valence）と覚醒／不覚醒の**覚醒度**（arousal）の連続的な次元※6で表す場合と，喜び・怒り・悲しみといった**カテゴリ**（category）[42] で表す場合とに大別される．このような感情の認識については，言語特徴にもとづいた手法が自然言語処理の分野で現在でも盛んに研究が進められている．音声対話システムにおいては，言語特徴だけでなく，音響特徴や韻律特徴も用いることができる．さらに，音声対話を前提とした感情認識のためのデータセットの整備[43] やコンペティション[44] が進められており，十分な量のデータセットが整備されたことから，ニューラルネットワークを用いた感情認識モデルが数多く提案されてきている．

　また，感情とは別の内部状態として**エンゲージメント**（engagement）があげられる[45]．エンゲージメントは，ロボットとの対話（**ヒューマン–ロボットインタラクション**（human–robot interaction））の研究において主に用いられてきた概念であり，対話が開始・継続・終了する過程を表す[46]．すなわち，ユーザが音声対話システムとの対話に興味をもち，参与し続け，対話を継続している場面を，ユー

--------------------------------------------------

※6 別の次元として，**支配**／**服従**（dominance）も加えられることがある．

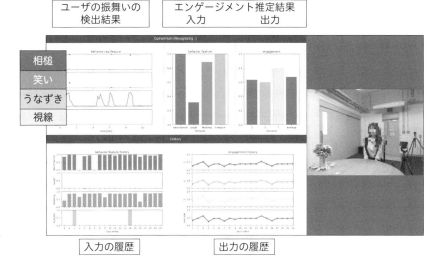

図 **9.7**　ユーザの非言語的な振舞いにもとづくリアルタイムエンゲージメント推定[47]

ザが対話にエンゲージしている（engaged）という．逆に，対話への興味が薄く，対話から離脱するような場面はエンゲージしていない（dis-engaged）という．人間どうしの対話のように長い対話を音声対話システムが扱うためには，ユーザが対話にエンゲージし続けることが重要である．

　これまでに提案されているエンゲージメント推定に関する手法は，物理的な身体性をともなうロボットとの対話を対象としたものが多いため，音声だけでなく，画像などの情報も用いたマルチモーダルなものが多い[45]．本書の筆者らは，ユーザの相槌，笑い，うなずき，視線といった非言語的な振舞いをニューラルネットワークを用いて検出し，それらにもとづいてエンゲージメントをリアルタイムに推定するシステムを構築している[47]（図 **9.7**）．

　感情やエンゲージメントの推定に関する研究は多くあるが，推定結果にもとづいて音声対話システムがどのように振る舞えばよいのかについての研究はまだ少数である[48,49]．現在までに提案されているシステムはヒューリスティックなルールにもとづいてシステムの行動を制御するものであるが，今後は対話データセットを用いた機械学習モデルの構築が期待される．

### ♪₩█ 9.7

# その他の振舞い

---

　最後に音声以外の振舞いについても言及する．視線（eye-gaze）は，ターンが継続する場面と移行する場面において，その振舞いが異なることが知られている[50]．うなずき（head nodding）は相槌に近い機能を有しているが，相槌と必ずしも共起するものではない．例えば，明らかに話し手がターンを保持し続けようとしていて，聞き手としては声を出しづらい（出す必要がない）場面などで，聞き手がうなずきのみを示し続けることがある．このような場面では，話し手の話を聞いているということを，聞き手はうなずきによって示している．このほかに考慮すべき振舞いとしては，ジェスチャ，表情，姿勢などがあげられる．

　これらのマルチモーダルな振舞いが用いられる場面，役割，文脈などに関する分析は数多くなされているが[※7]，音声対話システムへ応用した例はまだ少なく，その方法論はまだ確立しているとはいえない．これらを駆使する音声対話システムができれば，より人間らしい自然な対話を実現することができるだろう．

---

[※7] 詳しくは，非言語行動の分析に関する参考書[51-53]を参照．

# 第10章

---

# 音声対話システムの未来

　本書では，音声対話システムの理論と実装の両面から解説を行ってきた．一方，音声対話システムの要素技術ならびにシステム全体の研究開発は日進月歩であり，今後もさまざまな手法・システムが提案され，いくつかは継続的に使用され，またいくつかは淘汰されていくだろう．そのようにして，音声対話システムの技術が成熟し，かつ，それを受容する社会も少しずつ変容していくことで，人間と音声対話システムが協調・共生し，より便利で心豊かな社会が実現されるべきである．ここでは，音声対話システムの今後の展開，そして実社会でより利用されるための課題について述べる．

## ◗ⅲ■ 10.1

# 深層学習の導入・進展

　すでに音声対話システムの個々のモジュールに深層学習が導入されており，データにもとづくアプローチが基本となっている．今後，音声対話システムの普及によって対話データセットが充実していくことで，その性能はより向上していくと思われる．

　すでに進められてはいるが，BERT や GPT のような大規模事前学習モデルを，音声対話システムの個々のタスクドメインに適用するという方向性が考えられる．音声対話システムの各モジュールを機械学習するためには，タスクやドメインに対応する学習用のデータセットを用意する必要があるが，タスクやドメインごとに大規模なデータセットを収集するのは効率が悪い．一方，人間の場合は，経験したことがないタスクやドメインであっても，これまでの別の経験や知識を適切に参照することで，遂行することができる．このような機能を大規模事前学習モデルが担うことが期待される．また，対象とするタスクやドメインのデータがまったく存在しない場面[※1]でも，大規模事前学習モデルを用いることで十分な精度が達成されることもあるだろう．

　一方，今後の音声対話システムの研究開発の発展には，何より大規模なデータセットが欠かせないが，データの収集には膨大な手間と時間が必要であり，加えて，言語の違いという問題もある．研究レベルで収集・公開されているデータセットの多くは英語であるため，日本語の音声対話システムの機械学習モデルを構築する際には，データ収集から開始しなければならない．今後は，対話データの収集，およびアノテーションについて，より効率的な方法を検討していく必要があるだろう．なお，大規模事前学習モデルを多言語化させる取組み[※2]も行われており，今後の進展が注目されている．

---

[※1] このような設定をゼロショット学習（zero-shot learning）という．

[※2] 例えば，T5 は多言語モデルの 1 つである．
　　https://github.com/google-research/multilingual-t5　　（2022 年 9 月確認）

## 10.2

# 高度なマルチモーダル統合

　現在の音声対話システムでは，基本的には音声（あるいは言語）情報のみが扱われている．しかし，前章で述べたように，より自然な対話を実現するためには視覚情報なども含むマルチモーダル情報（multi-modal information）の統合が求められる．最近では，画像と言語を結び付ける研究が盛んである[1]．例えば，画像を参照しながら，そこに含まれている物体について自然言語で対話をすることが可能になってきている．このような機能を音声対話システムに取り入れることで，ある同一の対象に対して，言葉で参照しているものと，画像で参照しているものとを統合して，システムが認識できるようになり，言語・対話理解の頑健性向上が期待される．

　また，マルチモーダル情報を統合するうえでは，より上位の階層のモデル化も有効と考えられる．例えば，人間がもつと思われる意図や欲求といったものを上位の階層でモデル化することで，音声対話システムにおけるマルチモーダル情報の扱い方の一貫性が保たれ，それらの下位の階層でのマルチモーダル情報の統合の精度が向上するかもしれない．

## 10.3

# 柔軟な対話タスク

　本書で説明してきたとおり，これまでの音声対話システムの研究開発では，対話タスクは主にタスク指向型と非タスク指向型に分類され，それぞれでシステムの機能が異なっている．しかし，人間どうしの対話は多種多様であり，またタスク指向のような対話と非タスク指向のような対話が時々刻々と切り替わっている．例えば，交渉の場面においてもいきなり本題に入ることは稀で，まずは雑談のよ

うなアイスブレークから入るのが通常である．タスク指向対話と非タスク指向対話を切り替えることができる先行的なシステムは存在するが[2]，今後はより柔軟なタスクの設定と，それに応じた音声対話システムの新たなアーキテクチャが必要になるだろう．このように多様なタスクに対して柔軟に対応できるようになることは，人工知能研究の長年の課題である "弱い AI" から "強い AI" への発展に寄与する可能性を有している．

## 10.4

# 音声対話の評価方法の確立

第 8 章で述べたように，音声対話システムの評価方法は客観評価と主観評価に分けられる．また，多角的で十分な評価を行うためには，どちらか一方だけではなく，両方を実施することが望ましい．

しかし，そもそも "よい対話" とはどういったものだろうか．タスク指向対話であれば，タスクに関連する指標で客観的に評価できるが，非タスク指向対話のよし悪しは評価者の主観に依存することが多い．ある評価者にとってはよい対話でも，別の評価者にとってはそうではない，つまり，評価者によって評価が矛盾することがある．したがって，音声対話システムの研究開発と並行して，特定の評価者に依存しない，かつ効果的な評価指標を検討していく必要がある．

さらに今後，音声対話システムの各モジュールが複雑になればなるほど，音声対話システム全体に対する評価は難しくなると予想されるため，ユーザの主観では適切な評価が困難になる可能性がある．例えば，10 個のモジュールで構成された音声対話システムにおいて，ある 1 個のモジュールを改良した場合，このモジュールの改良がもたらす対話全体の変化は相対的にわずかであり，ユーザがその変化に気付かないこともある．そのため，音声対話システム全体の評価を対話実験で行うだけでなく，個々のモジュールについても何らかの方法で個別評価を行う必要がある．個別評価の方法としては対話実験に限らず，評価用データセットを用

いたオフライン評価※3も考えられる.

# 10.5

# ユーザとの関係性構築

　音声対話システムが会話ロボットとして商用化され始めた当初は，目新しさから多くの人々の関心を引き寄せた．しかし，音声対話システムと対話をする場面は今後は日常的なものになっていくだろう．その際には，一度きりの対話で完結するタスクやドメインを処理するだけではなく，長期的な対話を必要とするタスクやドメインを処理できるようにして，ユーザと継続的な関係性を構築し，ユーザにとっていわば欠かせない存在になることが重要となる．これには，例えば，過去の対話からユーザの属性や趣味，嗜好などを抽出して記憶し，それらにもとづいて対話を展開していく必要があるし，システム自身の感情を表現したり，ユーザに対して共感したりする機能を実装して，感情のレベルでユーザとつながる必要もある．

　このような長期的な対話を必要とするタスクやドメインの処理を指向した音声対話システムに関する研究開発はまだわずかであり[3]，評価を実施する際の時間的コストが大きいことも課題となる．この時間的コストを軽減するために，システムの実装方針や評価方法を研究者・開発者間で共有できる枠組を構築することが望ましい．

　また，ユーザとの継続的な関係を構築するうえで重要となる別の観点として，システムのキャラクタ（character）およびパーソナリティ（personality，個性）の設定があげられる．人間は，社会的な動物であることから，キャラクタやパーソナリティが何も設定されていない単調なシステムよりも，設定されているキャラクタやパーソナリティに応じて振舞い（話す内容や話し方など）が変化するシステムのほうがユーザと継続的な関係性を築きやすいだろう．さらに，人間が対話相

---

※3 オフライン評価（offline evaluation）とは，その場で対話および評価してもらう方法（オンライン評価（on-line evaluation））の逆という意味である.

手に応じて対話を変化・適応させるように，固定のキャラクタやパーソナリティを設定するのではなく，個々のユーザの個性や対話の状況に応じて，キャラクタやパーソナリティを変化・適応させることも有効と考えらえる．

## ▰▰▰ 10.6

# 人間との協調による対話

　現状の音声対話システムによる対話を分析すると，人間どうしのような柔軟な対話がいかに難しいかがよくわかる．このため，重要な判断をともなう場面などでは，やはりユーザはシステムとではなく人間と対話をすることを望む傾向がある．そこで，システムの中に人間がオペレータとして介入し，両者（システムとオペレータ）が協調して対話を遂行することが考えられる．例えば，対話の冒頭の簡単なやり取りはシステムが対応し，その後の高度な対話理解が求められる場面ではオペレータが対応する[※4]ことは現実的であろう．これによって，システムで対応可能な部分はシステムに任せ，システムが不得意な部分のみを人間が対応することで，少なくとも時間的な人間（オペレータ）の負担は減らすことができる．そして，別の作業や複数のユーザへの同時対応が可能になり，業務効率の改善に寄与するだろう．今後はこのようなアプローチをとった実用的な音声対話システムを検討してもよいだろう．本書の筆者らは，科学技術振興機構などが推進するムーンショット型研究開発事業の「誰もが自在に活躍できるアバター共生社会の実現」プロジェクトにおいて，1 人の人間（オペレータ）が音声対話システムの技術を活用することで，複数のユーザに対して同時並列に対話を行うことができるシステムの研究開発を進めている[4]．

-----

[※4] 例えば，Web の問合せチャットシステムでは，名前や生年月日などの基本的な情報はシステム（あるいはフォーム）に入力してもらい，その後，必要に応じて人間のオペレータにつなぐことがあるが，これに近い．

## ∿∎ 10.7

# 医療・介護への応用

　高齢化が進む現代社会において，医療・介護の需要は今後よりいっそう増大し，それらを担う人材の不足が深刻化するといわれている．この状況を改善するための１つのアプローチとして，音声対話システムの活用があげられる．例えば，病院の簡単な問診や介護施設での声かけなどは音声対話システムを搭載したロボットで代用することができるだろう．本書の筆者らは，このような場面を想定し，話を聴くことに特化した傾聴対話システムの研究開発を進めており，高齢者を対象とした対話実験を実施している[5,6]．

　今後，医療・介護の現場において音声対話システムを活用する実証的な取組みがなされていくだろう．そしてまずは，音声対話システムにできること，人間のスタッフにしかできないこと，さらにはサービスを受ける側に受け入れられることを明確化していく必要がある．また音声対話によるやり取りに加えて，医療・介護の現場では物理的な動作（やり取り）も要求されるため，視覚情報を含むマルチモーダルな対話理解，ロボットアームなどによる物理的な操作との円滑な連携などについても技術開発を進めていく必要がある．

## ∿∎ 10.8

# メタバースへの展開

　近年多くの注目を集めているメタバース（metaverse）[※5]において音声対話システムに関する技術が活用されていくだろう．メタバースを利用するユーザはヘッドマウントディスプレイを装着することが多く，仮想空間への没入感が高いため，

--------

[※5] コンピュータやコンピュータネットワークの中に構築された仮想空間のこと．

より自然なインタラクションの形である音声対話の重要性は高いといえる．また，メタバース上でさまざまなサービスが展開されていく中で，音声対話システムを用いた自律的なエージェントへの期待は大きい．メタバース上でエージェントを実装する利点として，情報の表現方法が豊富になることがあげられる．例えば，システムの内部状態（感情など）をグラフィカルに描画することができる．それによって，現実空間よりもむしろ円滑で深い対話が実現できる可能性がある．ただし，メタバース上では人間のユーザも自律的なエージェントも見た目がほぼ同じになるため，対話相手からみれば，人間と話しているのか，自律的なエージェントと話しているのかの区別が付きにくい．したがって，倫理的な観点からこれらを区別するための表示の工夫も必要であろう．

## 〰■ 10.9
## 一般ユーザにも扱いやすい開発環境

音声対話システムは複数のモジュールで構成され，各モジュールが年々高度なものに発展し続けているため，初学者がしくみや構造を理解するうえでのハードルは高いのが現状である．一方，音声対話システムが一般に広く普及するためには，さまざまな課題を解決するための多種多様なアイデアが求められる．これには，新規に研究開発に参入するうえでのハードルは低いほうがよい．この矛盾を解決するアプローチの 1 つが，個々のモジュールを目的に応じて簡単に編集可能にすることである．例えば，Dialogflow[6]（付録参照）では，言語理解や応答生成のモジュールを Web ブラウザ上の GUI で手軽にカスタマイズすることができ，作成した音声対話システムをさまざまなサービス上ですぐに実行することができる．今後は，「こんな対話を実現したい」というイメージはあるが，プログラミングができない人でも思いどおりの音声対話システムを実装できるようになればよりよいだろう．

----

[6] https://dialogflow.cloud.google.com/　（2022 年 9 月確認）

# 10.10

# 倫理的課題

　最後に，倫理的な課題についても触れておく．今後，ハイレベルな音声対話システムが実用化されていく中で，その発言内容については，誰が責任をもつべきであろうか．音声対話システムの機能がそれほど高度でなく，かつタスクが明確であれば，多少おかしな発言があったとしても，ユーザは気にしないで済むであろう．しかし，音声対話システムが人間に近づけば近づくほど，ユーザに大きな影響を与えるようになり，その発言の責任の所在が無視できなくなる．

　例えば，Microsoft 社が開発したチャットボット Tay は，ユーザとの会話の履歴から対話モデルを学習していくものであったが，ある日突然，差別的な発言をするようになり，最終的にはサービスが停止されている[7]．これは，ユーザの差別的な発言を学習してしまったためと思われる．しかし，システムを開発する側として，学習データの品質の問題として片づけてよいのだろうか．今後，音声対話システムが普及していく中で，このような事例は事前に想定しておくべきである．

　音声対話システムの学習データから自動的に攻撃的あるいは差別的な表現を検出・除去（フィルタリング）するしくみの構築は可能であるが，そのような表現は多種多様で日々変化するため，現状では完全にフィルタリングすることは困難である．また，人手による監視にはコストを要する．このような倫理的な観点にもとづく要素技術の高度化も，音声対話システムの研究開発と並行して進めていかなければならない．

　また，倫理的に問題のある音声対話システムを研究開発してしまわないためには，研究開発を計画および遂行する研究者・技術者自身が，関連の技術だけでなく，倫理に関する知識を学び，それを実践していく必要がある．近年，人工知能開発に関するいくつかの倫理指針が策定されており，わが国では，「人間中心の AI 社会原則」[7]や「人工知能学会倫理指針」[8]，世界的には「アシロマ AI 原則

---

[7] https://www8.cao.go.jp/cstp/aigensoku.pdf　（2022 年 9 月確認）

[8] http://ai-elsi.org/wp-content/uploads/2017/02/人工知能学会倫理指針.pdf
（2022 年 9 月確認）

〔Asilomar AI Principles〕」※9が有名である．今後はこれらを遵守して，音声対話
システムの研究開発を行うことが求められるだろう．

※9 https://futureoflife.org/ai-principles/ （2022 年 9 月確認）

# 付録　Dialogflow ES による実装

　音声対話システムを実装するツールとして Dialogflow ES（Essentials）を紹介する．
なお，本付録執筆時点（2022 年 9 月時点）の仕様にもとづく．最新の仕様については公
式ドキュメント

　　　https://cloud.google.com/dialogflow/es/docs　　（2022 年 9 月確認）

を参照されたい．

## Dialogflow ES とは

　Dialogflow ES（Essentials）は，Google 社によって開発・提供されている音声対話シ
ステムを構築するためのツールで，音声対話システムに必要なモジュールすべてを統合
的に提供している（図 **A.1**）．特に言語理解や応答生成がよくサポートされており，一
問一答型の音声対話システム，つまり，第 6 章の Hands-on で解説した用例ベースシス
テムを主として手軽に構築することができる．
　Dialogflow ES の特長として
① 　クラウド上の GUI を使って，音声対話システムを手軽に実装することができる．
② 　互換性が高く，実装した音声対話システムをさまざまなアプリで簡単に実行する
　　ことができる．
といった点があげられる．また，対話タスクによっては膨大な処理を要することになる
応答生成を外部サーバで行うことにも対応しているため，さまざまな Web API サービ
スと連携した実用的な音声対話アプリを構築することも可能である．

図 **A.1**　Dialogflow ES を用いた音声対話システムの構成

Dialogflow シリーズには，Dialogflow ES のほかに，Dialogflow CX もある[※1]．こちら
は，Dialogflow ES よりさらに大規模で高度な音声対話システムを構築するためのもので
ある[※2]．本書は入門書なので，ES のみを扱う．なお，Dialogflow ES と同等の機能をも
つツールは Google 社以外からも提供されており，例えば，Amazon 社から Alexa Skills
Kit が提供されている[※3]ほか，主に言語理解に関して，Microsoft 社からも Language
Understanding Intelligent Service（LUIS）が提供されている[※4]．以下では，Dialogflow
ES を用いた音声対話システムの実装方法について解説する．

## Dialogflow ES への登録

Dialogflow ES を利用する[※5]には，まず Google アカウントを取得しておく必要があ
る[※6]．Google アカウントを取得したら，下記の Dialogflow ES の Web サイトへアクセ
スする．

> https://dialogflow.cloud.google.com/ （2022 年 9 月確認）

図 **A.2** のような画面が表示されたら「Sign-in with Google」を選択し，使用する Google
アカウントを選択する．次回以降は，このアカウントが使用される．その後，Dialogflow
ES の画面が開かれ，図 **A.3** のような画面が表示されれば登録完了である．

---

[※1] https://cloud.google.com/dialogflow/cx/docs （2022 年 9 月確認）
[※2] ES と CX の比較については次の URL を参照されたい．
https://cloud.google.com/dialogflow#all-features （2022 年 9 月確認）
[※3] https://developer.amazon.com/ja-JP/alexa/alexa-skills-kit
（2022 年 9 月確認）
[※4] https://azure.microsoft.com/ja-jp/services/cognitive-services/
language-understanding-intelligent-service/ （2022 年 9 月確認）
[※5] 利用にあたっては，ユーザの個人情報や利用料金の支払方法の情報などの登録を求められ
る．使用にあたっては，個々の使用上の注意などをよく確認して，自らの責任において使
用されたい．本書の記述内容などを利用する行為やその結果に関しては，著作者および出
版社では一切の責任をもたない．
[※6] Google アカウントは次の URL から作成することができる．
https://www.google.com/intl/ja/account/about/ （2022 年 9 月確認）
　一般に開発向け／個人向け／業務利用向けなどの利用形態により，それぞれのライセンス
の内容は異なる．利用にあたっては，各アカウントの規定に正しく準拠することが求めら
れる．また，本書で解説している手順・画面等は予告なしに変更される場合がある．

図 **A.2**　ログイン前の Dialogflow ES

図 **A.3**　ログイン後の Dialogflow ES

## 簡単なシステムの実装

さっそく次のような簡単なシステムを実装してみよう.

・「こんにちは」や「ごきげんよう」とユーザが発話したら,「こんにちは」と応答する.

・「おはよう」や「おはようございます」とユーザが発話したら,「おはようございます」と応答する.

Dialogflow ES にログインして, 左上のプルダウンメニューから「Create new agent」を選択し, 新しい Agent を作成する (**図 A.4**). Agent とは, プロジェクトに近い意味である.

図 **A.4** 新しい Agent の作成

Agent の設定は以下のようにする（図 **A.5**）．

・Agent name は「SampleGreeting」

・DEFAULT LANGUAGE は「Japanese-ja」

「CREATE」ボタンを押すと，Agent が作成される．

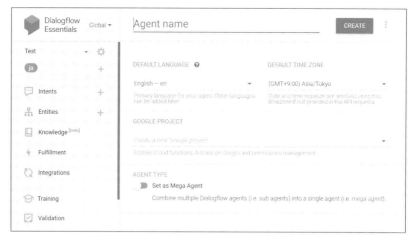

図 **A.5** 新しい Agent の設定

次に，左側のメニューから「Intents」を選択し，右上の「CREATE INTENTS」を選択する（または「Intents」の横の「＋」ボタンを押す）．そして，Intent の情報として下記を登録する（図 **A.6**）．

・Intent name：「GoodAfternoon」
・Training phrases：「こんにちは」や「ごきげんよう」など
・Responses：「こんにちは」

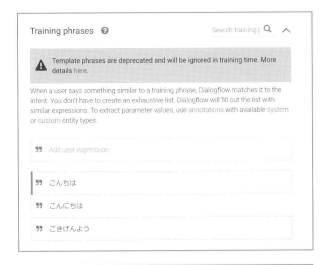

図 **A.6**　GoodAfternoon Intent の設定
（上：Training phrases，下：Responses）

右上の「SAVE」ボタンを押すことで Intent が作成される．もう一度，同じ要領で下記の別の Intent を作成する（図 **A.7**）．

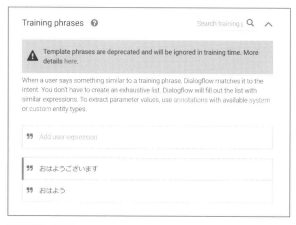

図 **A.7** GoodMorning Intent の設定
（上：Training phrases, 下：Responses）

・Intent name：「GoodMorning」
・Training phrases：「おはよう」や「おはようございます」など
・Responses：「おはようございます」

最後に右上の「SAVE」ボタンを押す.

では，作成したシステムをテストしてみよう．右上の「Try it now」の入力欄に「こんにちは」や「おはよう」と入力してみて，図 **A.8** のように想定するシステムの応答が表示されれば完成である.

## Dialogflow ES の用語（機能）

Dialogflow ES では特徴的な用語（機能）がいくつかある．これらについて説明する.

図 **A.8**　作成したシステムのテスト

### ■ Intent

Intent は Dialogflow ES の核となる機能であり，言語理解と応答生成を担う．これは日本語に訳すと "意図" であり，基本的にはユーザ発話の意図の種類ごとに作成する必要がある．つまり，あらかじめ複数の Intent を用意しておくことで，入力されたユーザ発話に最もマッチする Intent を選択し，それに対応するシステム応答が出力されるというしくみである．Intent の設定方法については次節で解説する．

### ■ Entity

Entity はシステムが利用する単語の辞書の役割を担う．例えば，人の名前を扱う受付

システムの場合には，登録されている人の名前の一覧を Entity として定義する．また，Entity では，いいかえ（synonym）も定義することができる．これによって，例えば「鈴木君」や「鈴木先生」を「鈴木さん」のいいかえとして登録することができる．

## ■ Fulfillment

Fulfillment は，Intent に呼び出される形で，より複雑な応答生成を外部で記述する機能を担う．具体的には，Cloud Functions という Google のサービス上で動作する JavaScript のソースコードを直接記述する方法と，外部サーバの URL を指定して，JSON 形式のデータをやり取りする方法の 2 通りがある．例えば，天気予報のアプリを実装する場合には，外部 API のサービスを通して天気情報を取得する必要があり，応答生成にはこの Fulfillment を用いることになる．本書では Fulfillment の詳しい解説は割愛する．ここで，どのようなデータがやり取りされるのかについては，図 **A.9** のように「Try it now」の「DIAGNOSTIC INFO」から確認することができる．

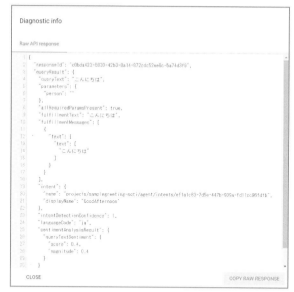

図 **A.9**　Fullfillment でやり取りされる JSON 形式のデータ

## ■ Integrations

Integrations は，作成したシステムのさまざまなサービス（アプリ，デバイス）での実行を担う．図 **A.10** のように，電話サービス，テキストチャット，オンライン通話，SNS などのサービスと連携させることができる．例えば，LINE と連携すれば，LINE

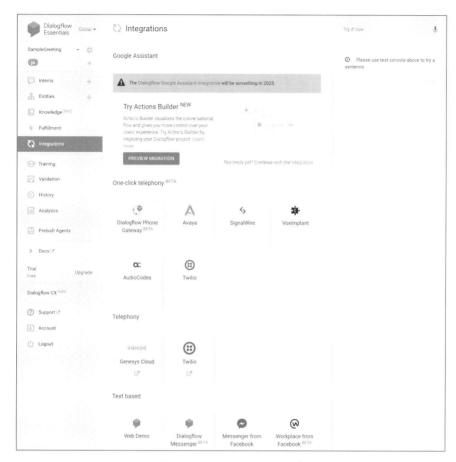

図 **A.10**　Integrations の設定

上でユーザと会話をするチャットボットを作成することができる．連携方法は各サービスによる説明を参照してほしい．

## Intent の設定

　Intent を作成する際に入力する項目について解説する．前述のとおり，Intent は言語理解と応答生成に相当する．ユーザ発話の意図の種類ごとに Intent を用意し，それぞれに対応するユーザ発話のパターンとシステム応答を設定しておく．そして，図 **A.11** のように，ユーザ発話が入力されると，条件に最もマッチする Intent が選択され，そこで設定されているシステム応答が出力される．以下では，各入力項目の機能について述べ

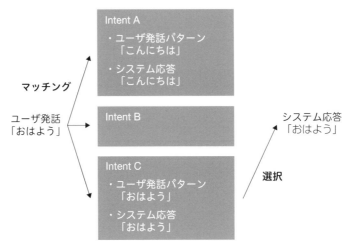

図 **A.11**　Intent の動作イメージ

るが，具体的な入力内容については後でサンプルアプリをつくりながら説明する．

■ **Contexts**

　Contexts は対話の履歴を記録・参照する機能を担う．これを用いて対話の流れを制御する．具体的には，対話の履歴をフラグ（ON と OFF の 2 状態）として記述する．まず，「Add input context」にこの Intent が選択される条件であるフラグの名前を記述する（図 **A.12**）．例えば，「confirm」というフラグを指定すれば，この confirm フラグが ON の状態でないと，この Intent は選択されない．次に，「Add output context」では，この Intent が選択されたときに ON にするフラグを指定する．さらに，ユーザ発話が何回入力されるまでこのフラグを ON にし続けるかを「Lifespan」の数値として指定できる．

図 **A.12**　Contexts の設定

■ **Events**

　ユーザ発話以外に，対話の状況に応じて，Intent を選択する機能を担う．例えば，Events

に「Welcome」というイベントを設定（図 **A.13**）すると，このアプリが起動されるとき（「（アプリ名）につないてください」と発話した後）にこの Intent が選択され，対応するシステム発話が出力される．

図 **A.13**　Events の設定

## ■ Training phrases

Training phrases は，ある Intent を呼び出すために発話すると想定されるユーザ発話を定義する機能を担う．したがって，過不足なく，正確に想定ユーザ発話を列挙できるかが，その性能を左右する．この項目へ想定ユーザ発話を入力すると，Entity で定義した語彙やあらかじめ用意されているキーワード（時間や地名など）が自動で抽出される（図 **A.14**）．これによって想定している語彙が正しく認識されているかを確認することができ，誤りがあれば手動で修正することができる．

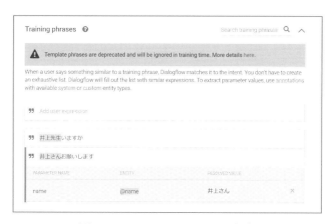

図 **A.14**　Training phrases の設定

## ■ Action and parameters

Action and parameters は，ユーザ発話から特定の単語（Entity で定義した語彙，あらかじめ用意されている時間や地名などのキーワード）を抽出するためのスロットを定義する機能を担う．言語理解のスロット値抽出の情報に対応するもので，スロットの候

補を Training phrases の内容にもとづいて自動で提示する（図 **A.15**）．さらに，抽出し
たスロット値を格納する変数名（VALUE）を定義し，応答生成（Responses）で利用する
こともできる．また，その Intent が呼び出されるための必須のスロット（REQUIRED）
も定義することができる．

図 **A.15**　Action and parameters の設定

## ■ Responses

Responses は，ある Intent が選択されたときに出力されるシステム応答を記述する
機能を担う．これには，Action and parameters で指定した変数名を使用することもで
きる（図 **A.16**）．ただし，変数名を使用する場合，その応答が出力されるためにはその
変数のスロット値が抽出されている必要がある．一方，Intent の設定において，上記の
Responses ではなく，外部サーバなどで応答を生成したい場合には「Enable webhook
call for this intent」を図 **A.17** のように ON にする．どのサーバ，あるいはどのプロ
グラムを用いるのかは，左側のメインメニューの「Fulfillment」から指定する．

図 **A.16**　Responses の設定

図 **A.17**　Fulfillment を使用するための設定

## ■ その他

Intent がマッチングにおいて最終的に選択される優先度は，図 **A.18** のように，Intent 名を入力する欄の左側の丸印をクリックして，選択することができる．また，図 **A.19** および図 **A.20** のように，「Default Fallback Intent」と「Default Welcome Intent」はデフォルトとして用意されている．前者はいずれの Intent も選択されなかった場合に使用される．後者はそのシステムとの会話を開始するとき（Welcome イベント）に呼び出される．

## Entity の活用

Entity を活用したシステムを実装してみよう．
・ユーザ発話　　　「XX さん，お願いします．」
・システム応答　　「XX さんですね．」
ここで，XX には人名が入る．この XX に入る人名を Entity として定義する．

まず，新しい Agent を作成する．Agent 名は，例えば「NameSample」などとする．次に，Entity を追加する．左側のメニューの「Entities」から「CREATE ENTITY」を選択し，以下のように設定する（図 **A.21**）．これにより，Synonym に登録されている単語がマッチングの際に使用されて，Reference value が出力として用いられることになる．
・Entity name：「name」
・Reference value：登録単語（例えば，「井上さん」）
・Synonym：登録単語のバリエーション（いいかえ）
　　（例えば，「井上」「井上先生」「井上さん」）

続いて，Intent を作成する．名前は例えば「Call」として，Training phrases は図 **A.22** のようにする．ここで，先ほど作成した Entity を用いた想定ユーザ発話を過不足なく作成する．同時に，Entity に対応する箇所が自動で判別（ハイライト表示）されることを確認する．また，誤りがあれば修正する．Action and parameters には，name entity が自動で追加されているはずである（図 **A.23**）．これで，ユーザ発話から name entity に対応するスロット値が自動で抽出され，「$name」という変数に保存される．ただし，変数

**ここにある**

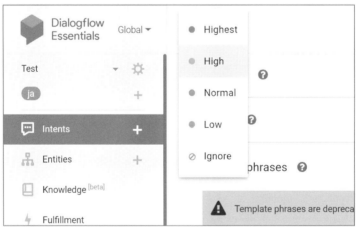

図 **A.18**　Intent の優先度の設定

名は変更することができる．最後に Responses に応答を追加する．先ほど抽出されるよ
うになった$name 変数を用いて図 **A.24** のようにする．ただし，この設定では，$name
変数が抽出されない場合，そもそもこの Intent は呼び出されず，かわりにデフォルトで
用意されている Default Fallback Intent が呼び出される．

　ここまできたら「Try it now」（または「Integrations」）からテストしてみてほしい．
図 **A.25** のようなやり取りができれば成功である．

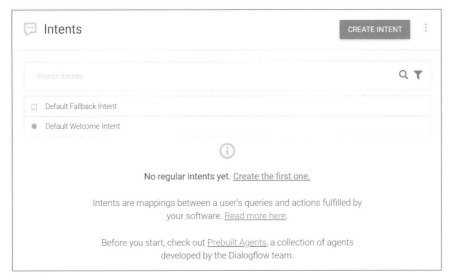

図 **A.19**　デフォルトで用意されている Intent

## Contexts の活用

さらに Contexts を活用して，以下のような応答をするシステムを作成する．
- ・ユーザ発話　　「XX さん，お願いします．」
- ・システム応答　「XX さんですか？」
- ・ユーザ発話　　「はい．」
- ・システム応答　「わかりました．」

前項のシステムを，いったん確認のフェーズを挟むように拡張している．このように複数ターンのやり取りをするためには，Contexts を用いて対話の状態を記憶する必要がある．Agent は前項のものをそのまま用いる．

まず図 **A.26** のように，Call intent の Contexts の「Add output context」に「name-done」を追加する．これにより，この Intent が呼び出されたとき name-done という情報（フラグ）が記録される．ここで，name-done の左横の数値の「Life-span」を 1 とすると，次のターンまでこのフラグが ON になり，その次のターンで OFF になる．続いて，Responses を修正する．図 **A.27** のように名前を確認する応答（「$name ですか？」など）にする．

次に，新たな Intent を作成する．名前は例えば「Yes」とする．この Intent は名前を確認した後に，ユーザが「はい」や「そうです」などの肯定的な応答をしたときに呼び出されるものにする．Contexts の Add input context に「name-done」を追加して，

図 **A.20**　デフォルトで用意されている Intent の設定
（上：Default Fallback Intent，下：Default Welcome Intent）

name-done という情報が記録されているとき（フラグが ON になっているとき）のみに，この Intent を呼び出すことができるようにする（図 **A.28**）．また，Training phrases に「はい」や「そうです」などを追加して，Responses に「わかりました」を追加する（図 **A.29**）．

　ここまできたら Try it now（または Integrations）でテストしてみてほしい．図 **A.30**

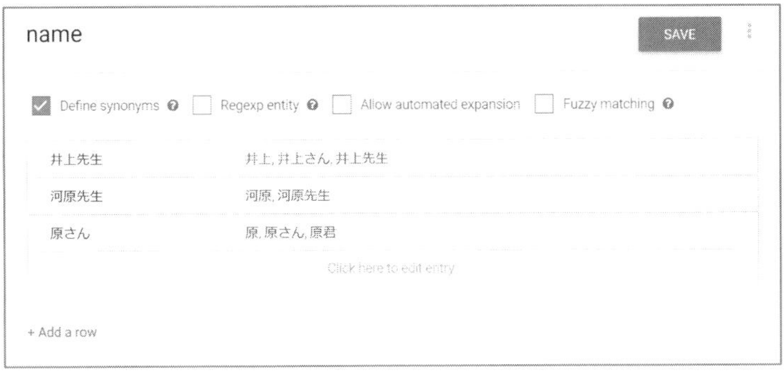

図 **A.21**　Entity の設定

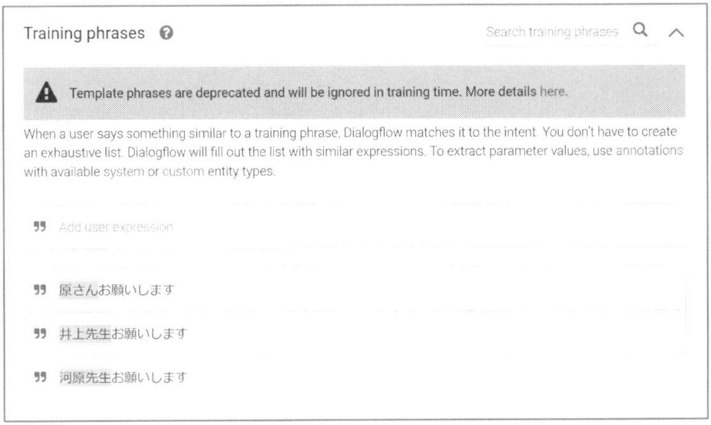

図 **A.22**　Training phrases の設定

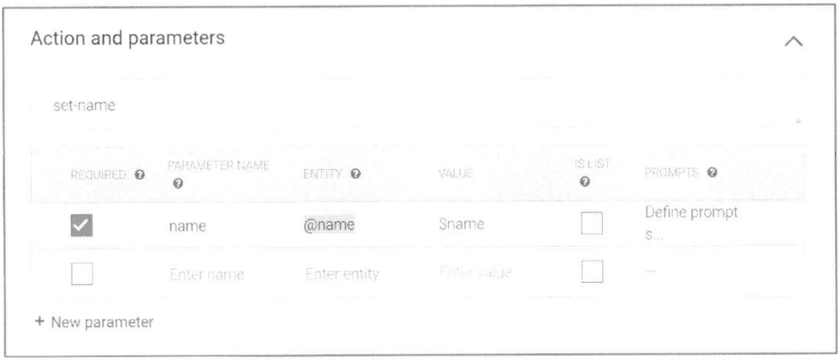

図 **A.23**　Action and parameters の設定

Responses
DEFAULT +
Text Response
1 $nameですね
2 Enter a text response variant
ADD RESPONSES
Set this intent as end of conversation

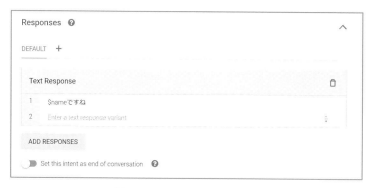

図 A.24 Responses の設定

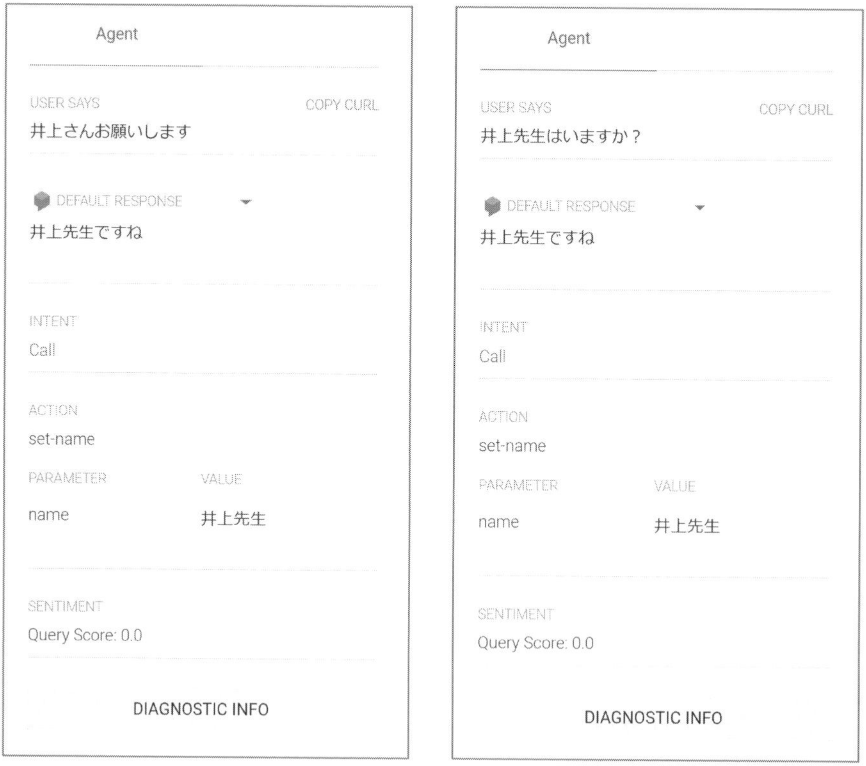
Agent
USER SAYS
COPY CURL
井上さんお願いします
DEFAULT RESPONSE
井上先生ですね
INTENT
Call
ACTION
set-name
PARAMETER
VALUE
name
井上先生
SENTIMENT
Query Score: 0.0
DIAGNOSTIC INFO
Agent
USER SAYS
COPY CURL
井上先生はいますか？
DEFAULT RESPONSE
井上先生ですね
INTENT
Call
ACTION
set-name
PARAMETER
VALUE
name
井上先生
SENTIMENT
Query Score: 0.0
DIAGNOSTIC INFO

図 A.25 Entity を活用したシステムのテスト

図 **A.26**　Call intent の Contexts の設定

図 **A.27**　Call intent の Responses の設定

図 **A.28**　Yes intent の Contexts の設定

のように，最初の発話に対して確認が行われ，その後，「はい」などが入力されると「わかりました」と出力されれば，正しく動作している．また，Try it now では Contexts の状態を直接確認することもできる（図 A.30 左側）

　以上が Dialogflow ES の基本的な使い方である．応答の種類や対話のターン数を増やすためには，紹介した機能を組み合わせていけばよい．ぜひ，より複雑な音声対話システムの実装に挑戦してみてほしい．

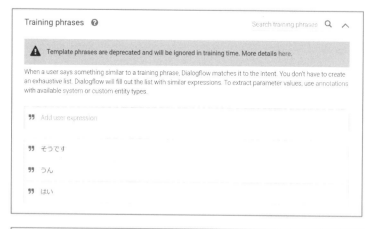

図 **A.29**　Yes intent の Responses の設定

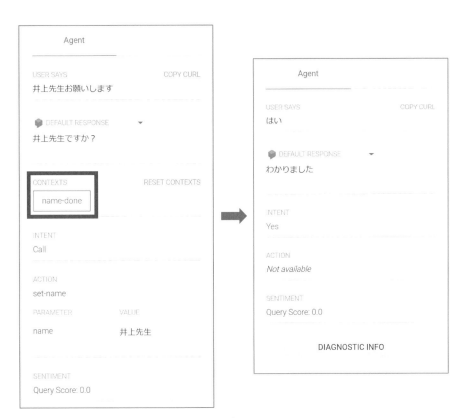

図 **A.30**　Contexts を活用したシステムのテスト

# 参 考 文 献

## 第 1 章

1) 河原達也. 音声対話システムの進化と淘汰：歴史と最近の技術動向. 人工知能学会誌, Vol. 28, No. 1, pp. 45–51, 2013.

2) Joseph Weizenbaum. ELIZA–A computer program for the study of natural language communication between man and machine. *Communications of the ACM*, Vol. 9, No. 1, pp. 36–45, 1966.

3) Terry Winograd. Understanding natural language. *Cognitive psychology*, Vol. 3, No. 1, pp. 1–191, 1972.

4) James F. Allen, Bradford W. Miller, Eric K. Ringger, and Teresa Sikorski. A robust system for natural spoken dialogue. In *ACL*, pp. 62–70, 1996.

5) Victor Zue, James Glass, David Goodine, Hong Leung, Michael Phillips, Joseph Polifroni, and Stephanie Seneff. Integration of speech recognition and natural language processing in the MIT VOYAGER system. In *ICASSP*, pp. 713–716, 1991.

6) Patti Price. Evaluation of spoken language systems: The ATIS domain. In *DARPA Speech & Natural Language Workshop*, 1990.

7) 河原達也, 松本裕治. 音声言語処理における頑健性. 情報処理, Vol. 36, No. 11, pp. 1027–1032, 1995.

## 第 2 章

1) Justine Cassell, Joseph Sullivan, Scott Prevost, and Elizabeth F. Churchill. *Embodied Conversational Agents*. MIT Press, 2000.

2) Toyoaki Nishida. *Conversational informatics: An engineering approach*. John Wiley & Sons, 2008.

3) 石黒浩, 宮下敬宏, 神田崇行. 知の科学 コミュニケーションロボット. オーム社, 2005.

4) 河原達也. アンドロイド ERICA による人間レベルの音声対話. 人工知能学会研究会資料, SIG-SLUD-B802, pp. 27–32, 2018.

5) 井上昂治, 河原達也. アンドロイドを用いた音声対話研究. 日本音響学会誌, Vol. 76, No. 4, pp. 236–243, 2020.

6) 河原達也, 井上昂治. アンドロイド ERICA による人間レベルの音声対話への挑戦 – 遠隔操作（Wizard of Oz）との比較評価を通して –. 日本音響学会誌, Vol. 78, No. 5, pp. 249–256, 2022.

7) Christoph Bartneck, Tony Belpaeme, Friederike Eyssel, Takayuki Kanda, Merel Keijsers, and Selma Šabanović. *Human-robot interaction: An introduction*. Cambridge University Press, 2020.

8) 中野幹生, 駒谷和範, 船越孝太郎, 中野有紀子. 対話システム. コロナ社, 2015.

# 第 3 章

1) 李 晃伸, 河原達也. Julius を用いた音声認識インタフェースの作成. ヒューマンインタフェース学会誌, Vol. 11, No. 1, pp. 31–38, 2009.

2) 河原達也 編著. IT Text 音声認識システム (改訂 2 版). オーム社, 2016.

3) 河原達也. 音声認識技術の変遷と最先端 – 深層学習による End-to-End モデル –. 日本音響学会誌, Vol. 74, No. 7, pp. 381–386, 2018.

# 第 4 章

1) Jacob Devlin, Ming-Wei Chang, Kenton Lee, and Kristina Toutanova. BERT: Pre-training of deep bidirectional transformers for language understanding. *arXiv preprint 1810.04805*, 2018.

2) Qian Chen, Zhu Zhuo, and Wen Wang. BERT for joint intent classification and slot filling. *arXiv preprint 1902.10909*, 2019.

3) Kaisheng Yao, Geoffrey Zweig, Mei-Yuh Hwang, Yangyang Shi, and Dong Yu. Recurrent neural networks for language understanding. In *INTERSPEECH*, pp. 2524–2528, 2013.

4) Grégoire Mesnil, Yann Dauphin, Kaisheng Yao, Yoshua Bengio, Li Deng, Dilek Hakkani-Tur, Xiaodong He, Larry Heck, Gokhan Tur, Dong Yu, and Geoffrey Zweig. Using recurrent neural networks for slot filling in spoken language understanding. *IEEE/ACM Transactions on Audio, Speech, and Language Processing*, Vol. 23, No. 3, pp. 530–539, 2014.

5) Bing Liu and Ian Lane. Attention-based recurrent neural network models for joint intent detection and slot filling. In *INTERSPEECH*, pp. 685–689, 2016.

6) Libo Qin, Tianbao Xie, Wanxiang Che, and Ting Liu. A survey on spoken language understanding: Recent advances and new frontiers. In *IJCAI*, pp. 4577–4584, 2021.

7) Aaron Jaech, Larry Heck, and Mari Ostendorf. Domain adaptation of recurrent neural networks for natural language understanding. In *INTERSPEECH*, pp. 690–694, 2016.

8) Jeremie Tafforeau, Frederic Bechet, Thierry Artières, and Benoit Favre. Joint syntactic and semantic analysis with a multitask deep learning framework for spoken language understanding. In *INTERSPEECH*, pp. 3260–3264, 2016.

9) Feifei Zhai, Saloni Potdar, Bing Xiang, and Bowen Zhou. Neural models for sequence chunking. In *AAAI*, pp. 3365–3371, 2017.

10) Dilek Hakkani-Tür, Gökhan Tür, Asli Celikyilmaz, Yun-Nung Chen, Jianfeng Gao, Li Deng, and Ye-Yi Wang. Multi-domain joint semantic frame parsing using bi-directional RNN-LSTM. In *INTERSPEECH*, pp. 715–719, 2016.

11) Chiori Hori, Takaaki Hori, Shinji Watanabe, and John R Hershey. Context sensitive spoken language understanding using role dependent LSTM layers. In *NIPS Workshop on Machine Learning for Spoken Language Understanding and Interaction*, 2015.

12) Yuan-Ping Chen, Ryan Price, and Srinivas Bangalore. Spoken language understanding without speech recognition. In *ICASSP*, pp. 6189–6193, 2018.

13) Parisa Haghani, Arun Narayanan, Michiel Bacchiani, Galen Chuang, Neeraj Gaur, Pedro Moreno, Rohit Prabhavalkar, Zhongdi Qu, and Austin Waters. From audio to semantics: Approaches to end-to-end spoken language understanding. In *SLT*, pp. 720–726, 2018.

14) Charles T Hemphill, John J Godfrey, and George R Doddington. The ATIS spoken language systems pilot corpus. In *DARPA Speech and Natural Language Workshop*, pp. 96–101, 1990.

15) Alice Coucke, Alaa Saade, Adrien Ball, Théodore Bluche, Alexandre Caulier, David Leroy, Clément Doumouro, Thibault Gisselbrecht, Francesco Caltagirone, Thibaut Lavril, Maël Primet, and Joseph Dureau. Snips voice platform: An embedded spoken language understanding system for private-by-design voice interfaces. *arXiv preprint 1805.10190*, 2018.

## 第 5 章

1) Barbara Grosz and Candace L. Sidner. Attention, intentions, and the structure of discourse. *Computational linguistics*, Vol. 12, No. 3, pp. 175–204, 1986.

2) Emanuel A. Schegloff and Harvey Sacks. Opening up closings. *Semiotica*, Vol. 8, No. 4, pp. 289–327, 1973.

3) 坊農真弓, 高梨克也. 知の科学 多人数インタラクションの分析手法. オーム社, 2009.

4) Emanuel A. Schegloff. *Sequence organization in interaction: A primer in conversation analysis I*. Cambridge university press, 2007.

5) Dylan F. Glas, Takayuki Kanda, and Hiroshi Ishiguro. Human-robot interaction design using interaction composer eight years of lessons learned. In *HRI*, pp. 303–310, 2016.

6) Steve Young, Milica Gašić, Blaise Thomson, and Jason D Williams. POMDP-based statistical spoken dialog systems: A review. *Proceedings of the IEEE*, Vol. 101, No. 5, pp. 1160–1179, 2013.

7) 南泰浩, 目黒豊美. 対話処理における強化学習. これからの強化学習, pp. 214–224. 森北出版, 2016.

8) Volodymyr Mnih, Koray Kavukcuoglu, David Silver, Andrei A Rusu, Joel Veness, Marc G Bellemare, Alex Graves, Martin Riedmiller, Andreas K Fidjeland, Georg Ostrovski, Stig Petersen, Charles Beattie, Amir Sadik, Ioannis Antonoglou, Helen King, Dharshan Kumaran, Daan Wierstra, Shane Legg, and Demis Hassabis. Human-level control through deep reinforcement learning. *Nature*, Vol. 518, No. 7540, pp. 529–533, 2015.

9) Mehdi Fatemi, Layla El Asri, Hannes Schulz, Jing He, and Kaheer Suleman. Policy networks with two-stage training for dialogue systems. In *SIGDIAL*, pp. 101–110, 2016.

10) Iulian V Serban, Chinnadhurai Sankar, Mathieu Germain, Saizheng Zhang,

Zhouhan Lin, Sandeep Subramanian, Taesup Kim, Michael Pieper, Sarath Chandar, Nan Rosemary Ke, Sai Rajeswar, Alexandre de Brebisson, Jose M. R. Sotelo, Dendi Suhubdy, Vincent Michalski, Alexandre Nguyen, Joelle Pineau, and Yoshua Bengio. A deep reinforcement learning chatbot. *arXiv preprint 1709.02349*, 2017.

11) Jost Schatzmann, Karl Weilhammer, Matt Stuttle, and Steve Young. A survey of statistical user simulation techniques for reinforcement-learning of dialogue management strategies. *Knowledge Engineering Review*, Vol. 21, No. 2, pp. 97–126, 2006.

12) H Paul Grice. Utterer's meaning and intention. *The Philosophical Review*, Vol. 78, No. 2, pp. 147–177, 1969.

13) Tsung-Hsien Wen, Milica Gasic, Dongho Kim, Nikola Mrksic, Pei-Hao Su, David Vandyke, and Steve Young. Stochastic language generation in dialogue using recurrent neural networks with convolutional sentence reranking. In *SIGDIAL*, pp. 275–284, 2015.

14) Tsung-Hsien Wen, Milica Gasic, Nikola Mrksic, Lina M Rojas-Barahona, Pei-Hao Su, David Vandyke, and Steve Young. Multi-domain neural network language generation for spoken dialogue systems. In *NAACL-HLT*, pp. 120–129, 2016.

15) Van-Khanh Tran and Le-Minh Nguyen. Natural language generation for spoken dialogue system using RNN encoder-decoder networks. In *CoNLL*, pp. 442–451, 2017.

16) Ondřej Dušek and Filip Jurčíček. Sequence-to-sequence generation for spoken dialogue via deep syntax trees and strings. In *ACL*, pp. 45–51, 2016.

17) Anusha Balakrishnan, Jinfeng Rao, Kartikeya Upasani, Michael White, and Rajen Subba. Constrained decoding for neural nlg from compositional representations in task-oriented dialogue. In *ACL*, pp. 831–844, 2019.

# 第 6 章

1) Di Wang and Eric Nyberg. A long short-term memory model for answer sentence selection in question answering. In *IJCNLP*, pp. 707–712, 2015.

2) Vladimir Karpukhin, Barlas Oguz, Sewon Min, Patrick Lewis, Ledell Wu, Sergey Edunov, Danqi Chen, and Wen-tau Yih. Dense passage retrieval for open-domain question answering. In *EMNLP*, pp. 6769–6781, 2020.

3) Oriol Vinyals and Quoc Le. A neural conversational model. In *ICML Deep Learning Workshop*, 2015.

4) Iulian Serban, Alessandro Sordoni, Yoshua Bengio, Aaron Courville, and Joelle Pineau. Building end-to-end dialogue systems using generative hierarchical neural network models. In *AAAI*, pp. 3776–3783, 2016.

5) Iulian Serban, Alessandro Sordoni, Ryan Lowe, Laurent Charlin, Joelle Pineau, Aaron Courville, and Yoshua Bengio. A hierarchical latent variable encoder–

decoder model for generating dialogues. In *AAAI*, pp. 3295–3301, 2017.

6) Tiancheng Zhao, Ran Zhao, and Maxine Eskenazi. Learning discourse-level diversity for neural dialog models using conditional variational autoencoders. In *ACL*, pp. 654–664, 2017.

7) Lifeng Shang, Zhengdong Lu, and Hang Li. Neural responding machine for short-text conversation. In *IJCNLP*, pp. 1577–1586, 2015.

8) Jiwei Li, Michel Galley, Chris Brockett, Jianfeng Gao, and William B. Dolan. A diversity-promoting objective function for neural conversation models. In *NAACL-HLT*, 2016.

9) Yizhe Zhang, Siqi Sun, Michel Galley, Yen-Chun Chen, Chris Brockett, Xiang Gao, Jianfeng Gao, Jingjing Liu, and Bill Dolan. DialoGPT: Large-scale generative pre-training for conversational response generation. *arXiv preprint 1911.00536*, 2019.

10) Daniel Adiwardana, Minh-Thang Luong, David R So, Jamie Hall, Noah Fiedel, Romal Thoppilan, Zi Yang, Apoorv Kulshreshtha, Gaurav Nemade, Yifeng Lu, and Quoc V. Le. Towards a human-like open-domain chatbot. *arXiv preprint arXiv:2001.09977*, 2020.

11) Stephen Roller, Emily Dinan, Naman Goyal, Da Ju, Mary Williamson, Yinhan Liu, Jing Xu, Myle Ott, Kurt Shuster, Eric M Smith, Y-Lan Boureau, and Jason Weston. Recipes for building an open-domain chatbot. In *EACL*, pp. 300–325, 2021.

12) 東中竜一郎, 船越孝太郎, 高橋哲朗, 稲葉通将, 赤間怜奈, 佐藤志貴, 堀内颯太, ドルサ テヨルス, 小室允人, 西川寛之, 宇佐美まゆみ. 対話システムライブコンペティション 4. 人工知能学会研究会資料, SIG-SLUD-93, pp. 92–100, 2021.

13) 杉山弘晃, 有本庸浩, 水上雅博, 千葉祐弥, 中嶋秀治, 成松宏美. 学習データの違いに対 する transformer encoder–decoder 対話モデルの応答変化の分析. 人工知能学会研究 会資料, SIG-SLUD-93, pp. 107–112, 2021.

14) 山崎 天, 坂田 亘, 川本稔己, 小林滉河, Nguyen Tung, 上村卓史, 中町礼文, 李 聖哲, 佐藤敏紀. ペルソナ一貫性の考慮と知識ベースを統合した HyperCLOVA を用いた雑談 対話システム. 人工知能学会研究会資料, SIG-SLUD-93, pp. 113–118, 2021.

15) Tom Brown, Benjamin Mann, Nick Ryder, Melanie Subbiah, Jared D Kaplan, Prafulla Dhariwal, Arvind Neelakantan, Pranav Shyam, Girish Sastry, Amanda Askell, Sandhini Agarwal, Ariel Herbert-Voss, Gretchen Krueger, Tom Henighan, Rewon Child, Aditya Ramesh, Daniel M. Ziegler, Jeffrey Wu, Clemens Winter, Christopher Hesse, Mark Chen, Eric Sigler, Mateusz Litwin, Scott Gray, Benjamin Chess, Jack Clark, Christopher Berner, Sam McCandlish, Alec Radford, Ilya Sutskever, and Dario Amode. Language models are few-shot learners. In *NeurIPS*, pp. 1877–1901, 2020.

16) Pierre Lison and Jörg Tiedemann. OpenSubtitles2016: Extracting large parallel corpora from movie and TV subtitles. In *LREC*, pp. 923–929, 2016.

17) Matthew Henderson, Paweł Budzianowski, Inigo Casanueva, Sam Coope,

Daniela Gerz, Girish Kumar, Nikola Mrkšić, Georgios Spithourakis, Pei-Hao Su, Ivan Vulić, and Tsung-Hsien Wen. A repository of conversational datasets. In *ACL Workshop on NLP for Conversational AI*, pp. 1–10, 2019.

18) Ryan Lowe, Nissan Pow, Iulian Serban, and Joelle Pineau. The Ubuntu Dialogue Corpus: A large dataset for research in unstructured multi-turn dialogue systems. In *SIGDIAL*, pp. 285–294, 2015.

19) Yanran Li, Hui Su, Xiaoyu Shen, Wenjie Li, Ziqiang Cao, and Shuzi Niu. DailyDialog: A manually labelled multi-turn dialogue dataset. In *IJCNLP*, pp. 986–995, 2017.

20) Saizheng Zhang, Emily Dinan, Jack Urbanek, Arthur Szlam, Douwe Kiela, and Jason Weston. Personalizing dialogue agents: I have a dog, do you have pets too? In *ACL*, pp. 2204–2213, 2018.

21) Hannah Rashkin, Eric Michael Smith, Margaret Li, and Y-Lan Boureau. Towards empathetic open-domain conversation models: A new benchmark and dataset. In *ACL*, pp. 5370–5381, 2018.

22) Emily Dinan, Stephen Roller, Kurt Shuster, Angela Fan, Michael Auli, and Jason Weston. Wizard of wikipedia: Knowledge-powered conversational agents. In *ICLR*, 2019.

23) Antoine Bordes, Y-Lan Boureau, and Jason Weston. Learning end-to-end goal-oriented dialog. In *ICLR*, 2017.

24) Tsung-Hsien Wen, David Vandyke, Nikola Mrksic, Milica Gasic, Lina M Rojas-Barahona, Pei-Hao Su, Stefan Ultes, and Steve Young. A network-based end-to-end trainable task-oriented dialogue system. In *EACL*, pp. 438–449, 2017.

25) Ehsan Hosseini-Asl, Bryan McCann, Chien-Sheng Wu, Semih Yavuz, and Richard Socher. A simple language model for task-oriented dialogue. In *NeurIPS*, 2020.

26) Paweł Budzianowski, Tsung-Hsien Wen, Bo-Hsiang Tseng, Iñigo Casanueva, Ultes Stefan, Ramadan Osman, and Milica Gašić. MultiWOZ–A large-scale multi-domain Wizard-of-Oz dataset for task-oriented dialogue modelling. In *EMNLP*, pp. 5016–5026, 2018.

27) Xiaoxue Zang, Abhinav Rastogi, Srinivas Sunkara, Raghav Gupta, Jianguo Zhang, and Jindong Chen. MultiWOZ 2.2: A dialogue dataset with additional annotation corrections and state tracking baselines. In *ACL*, pp. 109–117, 2020.

## 第7章

1) 橋本佳, 高木信二. 深層学習に基づく統計的音声合成. 日本音響学会誌, Vol. 73, No. 1, pp. 55–62, 2017.

2) 全炳河. テキスト音声合成技術の変遷と最先端. 日本音響学会誌, Vol. 74, No. 7, pp. 387–393, 2018.

3) 森勢将雅. 音声分析合成. コロナ社, 2018.

4) Hideki Kawahara, Ikuyo Masuda-Katsuse, and Alain De Cheveigne. Restruc-

turing speech representations using a pitch-adaptive time–frequency smoothing and an instantaneous-frequency-based F0 extraction: Possible role of a repetitive structure in sounds. *Speech communication*, Vol. 27, No. 3–4, pp. 187–207, 1999.

5) Masanori Morise, Fumiya Yokomori, and Kenji Ozawa. WORLD: A vocoder-based high-quality speech synthesis system for real-time applications. *IEICE Transactions on Information and Systems*, Vol. 99, No. 7, pp. 1877–1884, 2016.

6) Jonathan Shen, Ruoming Pang, Ron J Weiss, Mike Schuster, Navdeep Jaitly, Zongheng Yang, Zhifeng Chen, Yu Zhang, Yuxuan Wang, Rj Skerrv-Ryan, Rif A. Saurous, Yannis Agiomyrgiannakis, and Yonghui Wu. Natural TTS synthesis by conditioning wavenet on Mel spectrogram predictions. In *ICASSP*, pp. 4779–4783, 2018.

7) Yi Ren, Chenxu Hu, Tao Qin, Sheng Zhao, Zhou Zhao, and Tie-Yan Liu. Fastspeech 2: Fast and high-quality end-to-end text-to-speech. *arXiv preprint 2006.04558*, 2020.

8) Jean-Marc Valin and Jan Skoglund. LPCNet: Improving neural speech synthesis through linear prediction. In *ICASSP*, pp. 5891–5895, 2019.

## 第 8 章

1) Siska Fitrianie, Merijn Bruijnes, Deborah Richards, Andrea Bönsch, and Willem-Paul Brinkman. The 19 unifying questionnaire constructs of artificial social agents: An IVA community analysis. In *IVA*, pp. 1–8, 2020.

2) Norbert L Kerr. HARKing: Hypothesizing after the results are known. *Personality and Social Psychology Review*, Vol. 2, No. 3, pp. 196–217, 1998.

3) Chin-Yew Lin. ROUGE: A package for automatic evaluation of summaries. In *Text summarization branches out*, pp. 74–81, 2004.

4) Jiwei Li, Michel Galley, Chris Brockett, Jianfeng Gao, and Bill Dolan. A diversity-promoting objective function for neural conversation models. In *NAACL-HLT*, pp. 110–119, 2016.

5) Chia-Wei Liu, Ryan Lowe, Iulian V Serban, Michael Noseworthy, Laurent Charlin, and Joelle Pineau. How NOT to evaluate your dialogue system: An empirical study of unsupervised evaluation metrics for dialogue response generation. In *EMNLP*, pp. 2122–2132, 2016.

6) Tianyi Zhang, Varsha Kishore, Felix Wu, Kilian Q Weinberger, and Yoav Artzi. BERTScore: Evaluating text generation with BERT. *arXiv preprint 1904.09675*, 2019.

7) Satanjeev Banerjee and Alon Lavie. METEOR: An automatic metric for mt evaluation with improved correlation with human judgments. In *ACL workshop on intrinsic and extrinsic evaluation measures for machine translation and/or summarization*, pp. 65–72, 2005.

8) Weixin Liang, James Zou, and Zhou Yu. Beyond user self-reported Likert scale ratings: A comparison model for automatic dialog evaluation. In *ACL*, pp. 1363–1374, 2020.

9) Shikib Mehri and Maxine Eskenazi. Unsupervised evaluation of interactive dialog with dialoGPT. In *SIGDIAL*, pp. 225–235, 2020.

10) Tianyu Zhao, Divesh Lala, and Tatsuya Kawahara. Designing precise and robust dialogue response evaluators. In *ACL*, pp. 26–33, 2020.

11) 東中竜一郎，船越孝太郎，荒木雅弘，塚原裕史，小林優佳，水上雅博．Project Next NLP 対話タスク：雑談対話データの収集と対話破綻アノテーションおよびその類型化．言語処理学会年次大会ワークショップ，2015.

## 第 9 章

1) 小磯花絵，石本祐一，菊池英明，坊農真弓，坂井田瑠衣，渡部涼子，田中弥生，伝 康晴．大規模日常会話コーパスの構築に向けた取り組み－会話収録法を中心に－．人工知能学会研究会資料 SIG-SLUD-B501, pp. 37–42, 2015.

2) Stephen C. Levinson and Francisco Torreira. Timing in turn-taking and its implications for processing models of language. *Frontiers in Psychology*, Vol. 6, No. 731, pp. 1–17, 2015.

3) Herbert H Clark. *Using language*. Cambridge university press, 1996.

4) Takuma Udagawa and Akiko Aizawa. A natural language corpus of common grounding under continuous and partially-observable context. In *AAAI Conference on Artificial Intelligence*, pp. 7120–7127, 2019.

5) 光田 航，東中竜一郎，大賀悠平，杵渕哲也．共同図形配置課題における対話の共通基盤構築過程の分析．言語処理学会年次大会，pp. 1697–1701, 2021.

6) Antoine Raux and Maxine Eskenazi. Optimizing the turn-taking behavior of task-oriented spoken dialog systems. *ACM Transactions on Speech and Language Processing*, Vol. 9, No. 1, pp. 1–23, 2012.

7) 駒谷和範．円滑な対話進行のための音声からの情報抽出．電子情報通信学会誌，Vol. 101, No. 9, pp. 908–913, 2018.

8) Gabriel Skantze. Towards a general, continuous model of turn-taking in spoken dialogue using LSTM recurrent neural networks. In *SIGDIAL*, pp. 220–230, 2017.

9) Ryo Masumura, Taichi Asami, Hirokazu Masataki, Ryo Ishii, and Ryuichiro Higashinaka. Online end-of-turn detection from speech based on stacked time-asynchronous sequential networks. In *INTERSPEECH*, pp. 1661–1665, 2017.

10) Kristiina Jokinen, Kazuaki Harada, Masafumi Nishida, and Seiichi Yamamoto. Turn-alignment using eye-gaze and speech in conversational interaction. In *INTERSPEECH*, pp. 2018–2021, 2010.

11) Ryo Ishii, Kazuhiro Otsuka, Shiro Kumano, Masafumi Matsuda, and Junji Yamato. Predicting next speaker and timing from gaze transition patterns in multi-party meetings. In *ICMI*, pp. 79–86, 2013.

12) Ryo Ishii, Shiro Kumano, and Kazuhiro Otsuka. Analyzing mouth-opening transition pattern for predicting next speaker in multi-party meetings. In *ICMI*, pp. 209–216, 2016.

13) Marcin Włodarczak and Mattias Heldner. Respiratory turn-taking cues. In *INTERSPEECH*, pp. 1275–1279, 2016.

14) Martin Johansson and Gabriel Skantze. Opportunities and obligations to take turns in collaborative multi-party human-robot interaction. In *SIGDIAL*, pp. 305–314, 2015.

15) Divesh Lala, Koji Inoue, and Tatsuya Kawahara. Evaluation of real-time deep learning turn-taking models for multiple dialogue scenarios. In *ICMI*, pp. 78–86, 2018.

16) 片山颯人, 藤江真也, 佐久間 仁, 松山洋一, 小林哲則. Timing Generating Networks: 文脈を考慮したターンテイキングのタイミング推定. 人工知能学会研究会資料 SIG-SLUD-C002, pp. 158–163, 2020.

17) 坊農真弓, 鈴木紀子, 片桐恭弘. 多人数会話における参与構造分析－インタラクション行動から興味対象を抽出する. 認知科学, Vol. 11, No. 3, pp. 214–227, 2004.

18) Oleg Akhtiamov, Maxim Sidorov, Alexey A Karpov, and Wolfgang Minker. Speech and text analysis for multimodal addressee detection in human–human–computer interaction. In *INTERSPEECH*, pp. 2521–2525, 2017.

19) 中野有紀子, 馬場直哉, 黄 宏軒, 林 佑樹. 非言語情報に基づく受話者推定機構を用いた多人数会話システム. 人工知能学会論文誌, Vol. 29, No. 1, pp. 69–79, 2014.

20) Adam Kendon. *Conducting interaction: Patterns of behavior in focused encounters*, Cambridge University Press, 1990.

21) 堀口純子. コミュニケーションにおける聞き手の言語行動. 日本語教育, No. 64, pp. 13–26, 1988.

22) Yasuharu Den, Nao Yoshida, Katsuya Takanashi, and Hanae Koiso. Annotation of Japanese response tokens and preliminary analysis on their distribution in three-party conversations. In *Oriental COCOSDA*, pp. 168–173, 2011.

23) Nigel Ward and Wataru Tsukahara. Prosodic features which cue back-channel responses in English and Japanese. *Journal of pragmatics*, Vol. 32, No. 8, pp. 1177–1207, 2000.

24) Hanae Koiso, Yasuo Horiuchi, Syun Tutiya, Akira Ichikawa, and Yasuharu Den. An analysis of turn-taking and backchannels based on prosodic and syntactic features in Japanese map task dialogs. *Language and speech*, Vol. 41, No. 3–4, pp. 295–321, 1998.

25) Shinya Fujie, Kenta Fukushima, and Tetsunori Kobayashi. Back-channel feedback generation using linguistic and nonlinguistic information and its application to spoken dialogue system. In *INTERSPEECH*, pp. 889–892, 2005.

26) Khiet P Truong, Ronald Poppe, and Dirk Heylen. A rule-based backchannel prediction model using pitch and pause information. In *INTERSPEECH*, pp. 3058–3061, 2010.

27) Robin Ruede, Markus Müller, Sebastian Stüker, and Alex Waibel. Yeah, right, uh-huh: A deep learning backchannel predictor. In *IWSDS*, 2017.

28) 山口貴史，井上昂治，吉野幸一郎，高梨克也，河原達也．傾聴対話システムのための言語情報と韻律情報に基づく多様な形態の相槌の生成．人工知能学会論文誌，Vol. 31, No. 4, pp. 1–10, 2016.

29) Tatsuya Kawahara, Takashi Yamaguchi, Koji Inoue, Katsuya Takanashi, and Nigel Ward. Prediction and generation of backchannel form for attentive listening systems. In *INTERSPEECH*, pp. 2890–2894, 2016.

30) Tatsuya Kawahara, Miki Uesato, Koichiro Yoshino, and Katsuya Takanashi. Toward adaptive generation of backchannels for attentive listening agents. In *IWSDS*, 2015.

31) 佐々木章紀，武川直樹，木村 敦，徳永弘子．非円滑な発話交替時における沈黙の気まずさとフィラーの関係．電子情報通信学会技術研究報告 HIP-111-59, pp. 97–102, 2011.

32) Michiko Watanabe. *Features and roles of filled pauses in speech communication: A corpus-based study of spontaneous speech.* Hituzi Syobo Publishing, 2009.

33) 定延利之，田窪行則．談話における心的操作モニター機構．言語研究，Vol. 1995, No. 108, pp. 74–93, 1995.

34) 川田拓也．日本語フィラーの音声形式とその特徴について–聞き手とのインタラクションの程度を指標として–．PhD thesis, 京都大学，2010.

35) 中西亮輔，井上昂治，中村 静，高梨克也，河原達也．自律型アンドロイドによる円滑な発話権制御のためのフィラーの生起位置と形態の分析．人工知能学会研究会資料 SIG-SLUD-B503, pp. 61–66, 2016.

36) Divesh Lala, Koji Inoue, and Tatsuya Kawahara. Smooth turn-taking by a robot using an online continuous model to generate turn-taking cues. In *ICMI*, pp. 226–234, 2019.

37) Dario Bertero and Pascale Fung. A long short-term memory framework for predicting humor in dialogues. In *NAACL-HLT*, pp. 130–135, 2016.

38) Ye Tian, Chiara Mazzocconi, and Jonathan Ginzburg. When do we laugh? In *SIGDIAL*, pp. 360–369, 2016.

39) Rahul Gupta, Theodora Chaspari, Panayiotis G Georgiou, David C Atkins, and Shrikanth S Narayanan. Analysis and modeling of the role of laughter in motivational interviewing based psychotherapy conversations. In *INTERSPEECH*, pp. 1962–1966, 2015.

40) Divesh Lala, Koji Inoue, and Tatsuya Kawahara. Prediction of shared laughter for human-robot dialogue. In *ICMI (Companion publication)*, pp. 62–66, 2020.

41) 志水 彰，角辻 豊，中村 真．人はなぜ笑うのか：笑いの精神生理学．講談社，1994.

42) Paul Ekman. Basic emotions. In *Handbook of cognition and emotion*, pp. 45–60. John Wiley & Sons, 1999.

43) Carlos Busso, Murtaza Bulut, Chi-Chun Lee, Abe Kazemzadeh, Emily Mower, Samuel Kim, Jeannette N Chang, Sungbok Lee, and Shrikanth S Narayanan.

IEMOCAP: Interactive emotional dyadic motion capture database. *Language Resources and Evaluation*, Vol. 42, No. 4, pp. 335–359, 2008.

44) Björn Schuller, Stefan Steidl, Anton Batliner, Alessandro Vinciarelli, Klaus Scherer, Fabien Ringeval, Mohamed Chetouani, Felix Weninger, Florian Eyben, Erik Marchi, Marcello Mortillaro1, Hugues Salamin, Anna Polychroniou, Fabio Valente, and Samuel Kim Kim. The INTERSPEECH 2013 computational paralinguistics challenge: Social signals, conflict, emotion, autism. In *INTERSPEECH*, pp. 148–152, 2013.

45) Catharine Oertel, Ginevra Castellano, Mohamed Chetouani, Jauwairia Nasir, Mohammad Obaid, Catherine Pelachaud, and Christopher Peters. Engagement in human-agent interaction: An overview. *Frontiers in Robotics and AI*, Vol. 7, No. 92, pp. 1–21, 2020.

46) Candace L Sidner, Christopher Lee, Cory D Kidd, Neal Lesh, and Charles Rich. Explorations in engagement for humans and robots. *Artificial Intelligence*, Vol. 166, No. 1–2, pp. 140–164, 2005.

47) Koji Inoue, Divesh Lala, Katsuya Takanashi, and Tatsuya Kawahara. Engagement recognition by a latent character model based on multimodal listener behaviors in spoken dialogue. *APSIPA Transactions on Signal and Information Processing*, Vol. 7, No. e9, pp. 1–16, 2018.

48) Zhou Yu, Vikram Ramanarayanan, Patrick Lange, and David Suendermann-Oeft. An open-source dialog system with real-time engagement tracking for job interview training applications. In *IWSDS*, 2017.

49) Koji Inoue, Divesh Lala, Kenta Yamamoto, Katsuya Takanashi, and Tatsuya Kawahara. Engagement-based adaptive behaviors for laboratory guide in human-robot dialogue. In *IWSDS*, 2019.

50) Adam Kendon. Some functions of gaze-direction in social interaction. *Acta Psychologica*, Vol. 26, pp. 22–63, 1967.

51) マジョリー・F・ヴァーガス. 非言語コミュニケーション. 新潮選書, 1987. 石丸 正 訳.

52) V・P・リッチモンド, J・C・マクロスキー. 非言語行動の心理学－対人関係とコミュニケーション理解のために－. 北大路書房, 2006. 山本 耕二 編訳.

53) アレックス（サンディ）・ペントランド. 正直シグナル－非言語コミュニケーションの科学－. みすず書房, 2013. 柴田 裕之 訳.

## 第 10 章

1) Shagun Uppal, Sarthak Bhagat, Devamanyu Hazarika, Navonil Majumder, Soujanya Poria, Roger Zimmermann, and Amir Zadeh. Multimodal research in vision and language: A review of current and emerging trends. *Information Fusion*, Vol. 77, pp. 149–171, 2022.

2) Takahiro Kobori, Mikio Nakano, and Tomoaki Nakamura. Small talk improves user impressions of interview dialogue systems. In *SIGDIAL*, pp. 370–380, 2016.

3) 角森唯子, 東中竜一郎, 吉村 健, 礒田佳徳. ユーザ情報を記憶する雑談対話システムの構築

とその複数日にまたがる評価. 人工知能学会論文誌, Vol. 35, No. 1, pp. DSI–B_1–10, 2020.

4) Tatsuya Kawahara, Naoyuki Muramatsu, Kenta Yamamoto, Divesh Lala, and Koji Inoue. Semi-autonomous avatar enabling unconstrained parallel conversations – Seamless hybrid of WOZ and autonomous dialogue systems –. *Advanced Robotics*, Vol. 35, No. 11, pp. 657–663, 2021.

5) 井上昂治, 山本賢太, 中村 静, 高梨克也, 河原達也ほか. アンドロイド ERICA の傾聴対話システム – 人間による傾聴との比較評価–. 人工知能学会論文誌, Vol. 36, No. 5, pp. H_L51_1–12, 2021.

6) Koji Inoue, Divesh Lala, Kenta Yamamoto, Shizuka Nakamura, Katsuya Takanashi, and Tatsuya Kawahara. An attentive listening system with android ERICA: Comparison of autonomous and WOZ interactions. In *SIGDIAL*, pp. 118–127, 2020.

7) Gina Neff and Peter Nagy. Automation, algorithms, and politics – talking to Bots: Symbiotic agency and the case of Tay. *International Journal of Communication*, Vol. 10, pp. 4915–4931, 2016.

# 索　引

〈著者略歴〉

**井 上 昂 治**（いのうえ　こうじ）

2015 年　京都大学 大学院情報学研究科
　　　　　知能情報学専攻 修士課程 修了
2015 年　日本学術振興会 特別研究員
　　　　　（DC1）
2018 年　京都大学 大学院情報学研究科
　　　　　知能情報学専攻 博士後期課程
　　　　　研究指導認定退学
2019 年　京都大学 情報学研究科 助教
　　　　　博士（情報学）

**河 原 達 也**（かわはら　たつや）

1987 年　京都大学 工学部 情報工学科
　　　　　卒業
1989 年　京都大学 大学院工学研究科
　　　　　情報工学専攻 修士課程 修了
1990 年　京都大学 工学部 助手
1995 年　京都大学 工学部 助教授
2003 年　京都大学 学術情報メディア
　　　　　センター 教授
2015 年　京都大学 情報学研究科 教授
　　　　　博士（工学）

音声対話システム
―基礎から実装まで―

2022 年 10 月 13 日　　第 1 版第 1 刷発行

著　　　者　　井 上 昂 治
　　　　　　　河 原 達 也
発 行 者　　村 上 和 夫
発 行 所　　株式会社 オーム社
　　　　　　　郵便番号　101-8460
　　　　　　　東京都千代田区神田錦町 3-1
　　　　　　　電話　03(3233)0641（代表）
　　　　　　　URL https://www.ohmsha.co.jp/

© 井上昂治・河原達也 2022

印刷 三美印刷　　製本 協栄製本
ISBN978-4-274-22954-1　Printed in Japan

**本書の感想募集** https://www.ohmsha.co.jp/kansou/

本書をお読みになった感想を上記サイトまでお寄せください．
お寄せいただいた方には，抽選でプレゼントを差し上げます．